中国电子教育学会高教分会推荐

普通高等教育电子信息类"十三五"课改规划教材

EDA 技术及应用

主　编　龚成莹

副主编　王宏斌

U0377938

西安电子科技大学出版社

内 容 简 介

本书以基本概念为基础，以实际技能应用为主线，对 EDA 技术及应用进行了阐释。全书共 8 章，内容包括：EDA 技术概述、可编程逻辑器件特性与应用、Quartus Ⅱ 的使用、VHDL 基础、VHDL 语句、有限状态机设计、常用逻辑电路的 VHDL 程序设计和 VHDL 设计应用实例等。

本书注重应用能力的培养，将理论与实际应用有机地结合起来。在各章末均配有习题，有些章还配有实训项目，便于读者巩固所学内容。

本书内容由浅入深、强化应用，可作为应用型本科院校电子、通信、自动化及计算机等专业本科生的教材，也可作为成人教育、在职人员培训、高等教育自学人员和相关技术人员的参考书。

图书在版编目(CIP)数据

EDA 技术及应用/龚成莹主编． —西安：西安电子科技大学出版社，2017.5
普通高等教育电子信息类"十三五"课改规划教材
ISBN 978-7-5606-4413-4

Ⅰ. ① E…　Ⅱ. ① 龚…　Ⅲ. ① 电子电路—电路设计—计算机辅助设计　Ⅳ. ①TN 702.2

中国版本图书馆 CIP 数据核字(2017)第 086528 号

策　　划　刘玉芳
责任编辑　祝婷婷　马武装
出版发行　西安电子科技大学出版社(西安市太白南路 2 号)
电　　话　(029) 88242885　88201467　　　　邮　　编　710071
网　　址　www.xduph.com　　　　　电子邮箱　xdupfxb001@163.com
经　　销　新华书店
印刷单位　陕西天意印务有限责任公司
版　　次　2017 年 5 月第 1 版　　2017 年 5 月第 1 次印刷
开　　本　787 毫米×1092 毫米　1/16　印　张　16.75
字　　数　395 字
印　　数　1～3000 册
定　　价　32.00 元
ISBN 978-7-5606-4413-4/TN
XDUP 4705001-1
如有印装问题可调换

前　言

EDA 技术是计算机与电子设计技术相结合的一门崭新的技术，它给电子产品设计与开发带来了革命性的变化。EDA 技术融多学科于一体，又渗透于各个学科之中，打破了软件和硬件的壁垒，使计算机的软件技术与硬件实现、设计效率和产品性能合二为一。基于 EDA 技术的设计方法正在成为电子系统设计的主流，EDA 技术已成为许多高等院校电子类专业学生必须掌握的一门重要技术。

本书以基本概念为基础、以实际技能应用为主线，内容简明扼要，突出重点知识讲解，强化应用，穿插实例讲解，注重实践能力的培养。在编写过程中，编者总结了几年来 EDA 技术课程的教学经验，力求在内容、结构、理论教学和实践教学等方面充分体现应用型本科教育的特点。

本书共 8 章内容。第 1 章对 EDA 技术的相关基础知识进行简要介绍，使读者对 EDA 技术有一个整体的认识。第 2 章对可编程逻辑器件的基本结构、编程和配置方式进行简单的介绍。第 3 章通过使用 Quartus Ⅱ 9.1 集成开发环境，详细介绍原理图输入设计和 VHDL 文本输入设计的完整开发过程。第 4 章讲解超高速集成电路硬件描述语言（VHDL）的程序结构和语言要素，引导读者开始进行深入学习。第 5 章介绍 VHDL 的相关语句。第 6 章重点介绍用 VHDL 设计不同类型有限状态机的方法和实用技术。第 7 章通过介绍编码器、译码器、计数器、分频器和寄存器等常用逻辑器件的 VHDL 描述方法，使读者进一步学习数字系统的设计方法和步骤，并熟悉文本设计的编辑、编译、波形仿真和编程下载的全过程。第 8 章介绍电子密码锁、数字频率计等应用实例，通过相对复杂的设计项目，从不同层面展示各种设计思路和方法。

本书在表达上层次清晰，脉络分明；在内容组织上力求简明扼要，突出常用的基本知识描述，删除不常用或少用的知识点，多讲实例，力求使读者循序渐进、举一反三。书中各章都安排了习题，绝大部分章节安排了针对性较强的实训项目，从而使读者在学习每一章内容时能及时得到强化训练。

本书由龚成莹任主编，王宏斌任副主编，何辉和王媛斌参编。第 1、4、7 章由龚成莹编写，第 2、5、6 章由王宏斌编写，第 3、8 章由何辉编写，附录由王媛斌编写。龚成莹负责制定编写大纲，并负责全书统稿。

由于作者水平有限，书中难免出现不妥和有待商榷之处，恳请广大读者批评指正。

编　者
2016 年 12 月

目　录

第 1 章　EDA 技术概述

　　EDA(Electronic Design Automation)技术是实现电子系统或电子产品自动化设计的技术，与电子技术、微电子技术的发展密切相关，同时它吸收了计算机科学领域大多数的最新研究成果。EDA 工具是以计算机作为基本工作平台，利用计算机图形学、拓扑逻辑学、计算数学以及人工智能学等多种计算机应用学科的最新成果所开发出来的一整套电子 CAD 通用软件工具。可以说，EDA 技术是一种帮助电子设计工程师从事电子组件产品和系统设计的综合技术。

1.1　EDA 技术

1.1.1　EDA 技术的概念

　　EDA 技术是在电子 CAD 技术的基础上发展起来的。它以计算机为工作平台，融合了应用电子技术、计算机技术、信息处理及智能化技术的最新成果，以实现电子产品的自动设计。利用 EDA 工具，电子设计师可以从概念、算法、协议等方面开始设计电子系统，大量的工作可以通过计算机来完成，并可以将电子产品从电路设计、性能分析到设计出 IC 版图或 PCB 版图的整个过程在计算机上自动处理完成。EDA 的应用范畴很宽，在机械、电子、通信、航空航天、化工、矿产、生物、医学、军事等各个领域都有 EDA 的应用。目前 EDA 技术已在各大公司、企事业单位和科研教学部门得到广泛使用。例如在飞机制造过程中，从设计、性能测试及特性分析直到飞行模拟都可能涉及 EDA 技术。本书所指的 EDA 技术，主要针对的是电子电路设计、PCB 设计和 IC 设计。EDA 设计可分为系统级、电路级和物理实现级。就此而言，本书所指的 EDA 技术是以大规模可编程逻辑器件为设计载体，以硬件描述语言为系统逻辑描述的主要表达方式，以计算机、大规模可编程逻辑器件的开发软件及实验开发系统为设计工具，通过有关软件完成电子系统设计到硬件系统实现的一门新技术。它可以实现逻辑编译、逻辑化简、逻辑分割、逻辑综合及优化、逻辑布局布线、逻辑仿真，完成对于特定目标芯片的适配编译、逻辑映射、编程下载等工作，最终形成集成电子系统或专用集成芯片。

1.1.2　EDA 技术的发展

　　EDA 技术是伴随着计算机、集成电路、电子系统技术的设计而发展起来的，其发展过程可分为计算机辅助设计(CAD)阶段、计算机辅助工程设计(CAE)阶段和电子系统设计自动化(ESDA)阶段。

1. 计算机辅助设计(CAD)阶段

20 世纪 70 年代，随着中小规模集成电路的开发应用，传统的手工制图设计印刷电路板和集成电路的方法已无法满足设计精度和效率的要求，因此工程师们开始进行二维平面图形的计算机辅助设计，以便从繁杂、机械的版图设计工作中解脱出来，由此便产生了第一代 EDA 工具，即 CAD(计算机辅助设计)工具。这一阶段是 EDA 发展的初级阶段，其主要特征是利用计算机辅助进行电路原理图的编辑、PCB 布线。CAD 工具可以减少设计人员繁琐重复的劳动，但自动化程度低，需要人工干预整个设计过程。CAD 工具大多以微机为工作平台，易于学用，设计中小规模的电子系统时可靠有效，现仍有很多这类专用软件被广泛地应用于工程设计。

2. 计算机辅助工程设计(CAE)阶段

20 世纪 80 年代，为适应电子产品在规模和制造方面的需要，出现了以计算机仿真和自动布线为核心技术的第二代 EDA 技术，即 CAE(计算机辅助工程设计)技术。这一阶段的主要特征是以逻辑模拟、定时分析、故障仿真、自动布局布线为核心，重点解决电路设计的功能检测等问题，使设计师能在产品制作之前预知产品的功能与性能。CAE 工具已经具备了自动布局布线、电路的逻辑仿真、电路分析和测试等功能，其作用已不仅仅是辅助设计，而是可以代替人进行某种思维。与 CAD 技术相比，CAE 技术除了具有图形绘制功能外，又增加了电路功能设计和结构设计，并且通过电气连接网络表将两者结合在一起，以实现工程设计。

3. 电子系统设计自动化(ESDA)阶段

20 世纪 90 年代，尽管 CAD/CAE 技术取得了巨大的成功，但并没有把人从繁重的设计工作中彻底解放出来。在整个设计过程中，自动化和智能化程度还不高，各种工具软件界面千差万别，学习使用起来比较困难，并且互不兼容，这些都直接影响到设计环节间的衔接。基于以上不足，EDA 技术继续发展，进入了以支持高级语言描述、可进行系统级仿真和综合技术为特征的第三代 EDA 技术，即 ESDA(电子系统设计自动化)阶段。这一阶段采用一种新的设计概念，即自顶而下(Top-to-Down)的设计程式和并行工程的设计方法。设计者的精力主要集中在所要设计电子产品的准确定义上，而由 EDA 系统去完成电子产品的系统级至物理级的设计。ESDA 极大地提高了系统设计的效率，使广大的电子设计师开始实现"概念驱动工程"的梦想。设计师们摆脱了大量的辅助设计工作，而把精力集中于创造性的方案与概念构思上，从而极大地提高了设计效率，使设计更复杂的电路和系统成为可能，并且使产品的研制周期大大缩短。

随着市场需求的增长、集成工艺水平以及计算机自动设计技术的不断提高，EDA 技术也有突飞猛进的发展，总的趋势表现在以下几个方面：

(1) 在一个芯片上完成系统级的集成已成为可能。

(2) 可编程逻辑器件开始进入传统的 ASIC 市场。

(3) EDA 工具和 IP 核应用更为广泛。

(4) 高性能的 EDA 工具得到长足的发展，其自动化和智能化程度不断提高，为嵌入系统设计提供了功能强大的开发环境。

(5) 计算机硬件平台性能大幅度提高，为复杂的 SOC 设计提供了物理基础。

1.1.3　EDA 技术的特点

利用 EDA 技术进行的电子系统设计,具有以下几个特点:① 用软件的方式设计硬件;② 用软件方式设计的系统到硬件系统的转换是由有关开发软件自动完成的;③ 设计过程中可用有关软件进行各种仿真;④ 系统可现场编程、在线升级;⑤ 整个系统可集成在一个芯片上,体积小、功耗低、可靠性高。由此可见,EDA 技术是现代电子设计的发展方向。

EDA 技术涉及面广、内容丰富,从教学和实用的角度看,主要应掌握以下四个方面的内容:① 大规模可编程逻辑器件;② 硬件描述语言;③ 软件开发工具;④ 实验开发系统。其中,大规模可编程逻辑器件是利用 EDA 技术进行电子系统设计的载体;硬件描述语言是利用 EDA 技术进行电子系统设计的主要表达手段;软件开发工具是利用 EDA 技术进行电子系统设计的智能化的自动设计工具;实验开发系统则是利用 EDA 技术进行电子系统设计的下载工具及硬件验证工具。

EDA 技术具有以下明显的优势:① 大大降低了设计成本,缩短了设计周期;② 拥有各类库的支持;③ 简化了设计文档的管理;④ 日益强大的逻辑设计仿真测试技术;⑤ 设计者拥有完全的自主权,再无受制于人的困扰;⑥ 设计语言的标准化、开发工具的规范化、设计成果的通用性、良好的可移植与可测试性,为系统开发提供了可靠的保证;⑦ 能将所有设计环节纳入统一的自顶向下的设计方案中;⑧ 整个设计流程充分利用计算机的自动设计能力,在各个设计层次上利用计算机完成不同内容的仿真模拟,而且在系统板设计结束后仍可利用计算机对硬件系统进行完整全面的测试。

1.1.4　EDA 技术的应用

从应用领域来看,EDA 技术已经渗透到各行各业,如前所述,包括机械、电子、通信、航空航天、化工、矿产、生物、医学、军事等各个领域,都有 EDA 的应用。另外,EDA 软件的功能日益强大,原来功能比较单一的软件,现在也增加了很多新的用途。

1.2　EDA 基础知识

1.2.1　可编程逻辑器件

可编程逻辑器件(Programmable Logic Device,PLD)是一种可由用户根据需要自行构造逻辑功能的数字集成电路,目前主要有两大类型:CPLD(Complex PLD)和 FPGA(Field Programmable Gate Array)。它们的基本设计方法是:借助于 EDA 软件,用原理图、状态机、布尔表达式、硬件描述语言等方法,生成相应的目标文件,最后用编程器或下载电缆将目标文件下载到目标器件以实现相应的硬件功能。PLD 的开发工具一般由器件生产厂家提供,但随着器件规模的不断增加,软件的复杂性也随之提高,目前已有专门的软件公司推出功能强大的设计软件。目前,主要的可编程器件生产厂家有 Altera 公司、Xilinx 公司及 Lattice 公司。

Altera 公司在 20 世纪 90 年代以后发展很快。其主要产品有 MAX3000/7000、FLEX6K/10K、APEX20K、ACEX1K、Stratix 等。其开发工具 MAX+Plus Ⅱ是较成功的 PLD 开发平台，之后又推出了 Quartus Ⅱ开发软件。Altera 公司提供了较多形式的设计输入方式，可绑定第三方 VHDL 综合工具，如综合软件 FPGA Express、Leonard Spectrum 等。

Xilinx 公司是 FPGA 的发明者。其主要产品有 XC、Virtex、Spartan、CoolRunner、XC9500 等。其早期推出的开发工具为 Foundation，后逐步被集成开发工具 ISE 取代，之后又推出用于开发集成 PowerPC 硬核和 MicroBlaze 软核 CPU 的嵌入式开发套件(EDK)和用于在 FPGA 中完成数字信号处理的工具 System Generator for DSP。

Lattice 公司是 ISP(In-System Programmability)技术的发明者。ISP 技术极大地促进了 PLD 产品的发展。与 Altera 和 Xilinx 相比，Lattice 的开发工具比 Altera 和 Xilinx 略逊一筹。其中小规模 PLD 比较有特色，大规模 PLD 的竞争力还不够强(Lattice 没有基于查找表技术的大规模 FPGA)。Lattice 公司于 1999 年推出可编程模拟器件，同年收购 Vantis(原 AMD 子公司)，成为第三大可编程逻辑器件供应商；又于 2001 年 12 月收购 Agere 公司(原 Lucent 微电子部)的 FPGA 部门。其主要产品有 ispLSI2000/5000/8000、MACH4/5 等。

FPGA，即现场可编程门阵列，是由美国的 Xilinx 公司率先推出的。FPGA 以查表法结构方式构成逻辑器件，如 Xilinx 公司的 Spartan 系列、Altera 公司的 FLEX10K、ACEX1K 以及 Cyclone 系列等。FPGA 是由存放在片内 RAM 中的程序来设置其工作状态的，因此工作时需要对片内的 RAM 进行编程。用户可以根据不同的配置模式，采用不同的编程方式。

FPGA 的编程无需专用的编程器，只需使用通用的 EPROM、PROM 编程器即可。当需要修改 FPGA 功能时，只需要换一片 EPROM 即可。FPGA 能够反复使用。同一片 FPGA、不同的编程数据，可以产生不同的电路功能。

CPLD，即复杂可编程逻辑器件。CPLD 以乘积项结构方式构成逻辑器件，如 Lattice 公司的 ispLSI 系列、Xilinx 公司的 XC9500 系列、Altera 公司的 MAX7000S 系列等。CPLD 也是一种用户根据需要可自行构造逻辑功能的数字集成电路。其基本设计方法是：借助集成开发软件平台，用原理图、硬件描述语言等方法生成相应的目标文件，通过下载电缆将代码直接传送到目标芯片中，实现数字系统设计。

FPGA 和 CPLD 都是 PLD 器件，两者的功能基本相同，只是实现的硬件原理有所区别，所以有时可以忽略两者的区别，统称为可编程逻辑器件或 CPLD/FPGA。

1.2.2　可编程逻辑语言

1. VHDL

超高速集成电路硬件描述语言(Very High Speed Integrated Circuit Hardware Description Language，VHDL)是 IEEE 的一种标准设计语言，它源于美国国防部提出的超高速集成电路计划，是 ASIC 设计和 PLD 设计的一种主要输入工具。

VHDL 涵盖面广，抽象描述能力强，支持硬件的设计、验证、综合与测试。VHDL 能在多个级别上对同一逻辑功能进行描述，如可以在寄存器级别上对电路的组成结构进行描述；也可以在行为描述级别上(这也是 VHDL 的优势之处)对电路的功能与性能进行描述。

2. Verilog HDL

Verilog HDL 是专为专用集成电路(Application Specific Integrated Circuit，ASIC)设计而开发的。Verilog HDL 较适合算法级、寄存器传输级 RTL、逻辑级和门级电路的设计。它可以很容易地把完成的设计移植到不同的厂家的不同芯片中去，并且很容易修改设计，更适合电子专业技术人员进行数字系统的设计。

3. ABEL

ABEL 是一种硬件描述语言(也称为 ABEL-HDL)，是开发 PLD 的一种高级程序设计语言，由美国 DATAI/O 公司于 1983—1988 年间推出。ABEL 支持逻辑方程、真值表和状态图三种逻辑描述方式，具有简单易学的特点。

4. Superlog 语言

1999 年，Co-Design 公司发布了 Superlog 系统设计语言，同时发布了两个开发工具：SYSTEMSIMTM 和 SYSTEMEXTM，一个用于系统级开发，另一个用于高级验证。

5. SystemC 语言

SystemC 语言是由 Synopsys 公司和 CoWare 公司合作开发的。1999 年，40 多家世界著名的 EDA 公司、IP 公司、半导体公司和嵌入式软件公司宣布成立"开放式 SystemC 联盟"。SystemC 语言具有软/硬件协同设计的特点，是一种新的系统级建模语言。

1.2.3　常用 EDA 工具

目前进入我国并具有广泛影响的 EDA 软件有：Multisim10/11(EWB 的仿真软件)、Pspice、AutoCAD、PCAD、Protel、Mentor、Graphics、SMicroSim 等。这些软件都有较强的功能，例如很多软件都可以进行电路设计与仿真，同时还可以进行 PCB 自动布局布线，可输出多种网表文件与第三方软件接口。

当今广泛使用的、以开发 FPGA 和 CPLD 为主的 EDA 工具大致可以分为如下 5 个模块：设计输入编辑器、HDL 综合器、仿真器、适配器(布局布线器)、下载器。

1. 设计输入编辑器

设计输入编辑器一般集成在常用的集成开发软件中，如 Altera 公司的 MAX+plus Ⅱ和 Quartus Ⅱ、Xilinx 公司的 ISE、Lattice 公司的 ispLEVER 等。

2. HDL 综合器

性能良好的 FPGA/CPLD 设计的 HDL 综合器有如下三种：

(1) Synopsys 公司的 FPGA Compiler、FPGA Express 综合器。

(2) Synplicity 公司的 Pro/Synplify 综合器。

(3) Mentor 子公司 Exemplar Logic 的 Leonardo Spectrum 综合器。

3. 仿真器(HDL)

按处理的硬件描述语言类型分，HDL 仿真器可分为 VHDL 仿真器、Verilog 仿真器、Mixed HDL 仿真器(混合 HDL 仿真器，同时处理 Verilog 与 VHDL)、其他 HDL 仿真器(针对其他 HDL 的仿真)。

按仿真的电路描述级别的不同，HDL 仿真器可以单独或综合完成以下各仿真步骤：系统级仿真、行为级仿真、RTL 级仿真、门级时序仿真。

常用的 FPGA/CPLD 设计的 HDL 仿真器有如下三种：

(1) Mentor 子公司 Model Technology 的 ModelSim 仿真器。

(2) Cadence 公司的 NC-Verilog/NC-VHDL/NC-Sim 仿真器。

(3) Synopsys 公司的 VCS-Verilog/Scirocco-VHDL 仿真器。

4. 适配器(布局布线器)

适配器的作用是完成目标系统在器件上的布局布线。适配/结构综合通常都由可编程逻辑器件厂商提供的专门针对器件开发的软件来完成。这些软件可以单独存在或嵌入在厂商的针对自己产品的集成 EDA 开发环境中。

5. 下载器

下载器的作用是将目标文件配置或固化到目标芯片上。

1.3   EDA 设计流程

EDA 设计流程如图 1.1 所示，分为六个步骤进行：设计输入、综合、适配、仿真、下载、硬件测试。

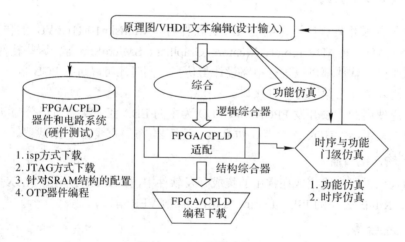

图 1.1   EDA 设计流程图

1. 设计输入

设计输入即将电路系统以一定的表达方式输入计算机，如图形输入、文本输入等。

1) 图形输入

图形输入有原理图输入、状态图输入、波形图输入。

最常用的是原理图输入，方法与 Protel 相似。其优点是：直观；用于设计规模较小的电路和系统时易于把握电路全局；可完全控制逻辑资源。其缺点是：兼容性差，移植不方便；大规模电路的易读性下降，错误排查/整体调整/结构升级困难；不适于描述逻辑功能；

无法真正实现自顶向下的设计方案，偏离 EDA 最本质的内涵。

状态图输入方式是以图形的方式表示状态图而进行的输入方式。当填好时钟信号名、状态转换条件、状态机类型等要素后，就可以自动生成 VHDL 程序。

波形图输入方式是将待设计的电路看成一个黑盒子，只需告诉 EDA 工具该黑盒子电路的输入和输出时序波形图，EDA 工具即能据此完成黑盒子电路的设计。

2) HDL 文本输入

文本输入方式是使用某种硬件描述语言(HDL)的电路设计文本(如 VHDL 或 Verilog 的源程序)而进行的编辑输入方式。它与传统的计算机软件语言编辑输入基本一致。文本输入是最一般化、最具普遍性的输入方法，任何支持 VHDL 的 EDA 工具都支持文本方式的编辑和编译。它克服了原理图输入法存在的所有弊端，能对电子系统进行硬件行为、结构和数据流描述，常用来设计规模较大、复杂的电子系统，为 EDA 技术的应用和发展打开了一个广阔的天地。

2. 综合

综合(Synthesis)即将软件描述与给定的硬件结构用某种网表文件的方式对应起来，成为相应的映射关系。其原理是将设计者在 EDA 平台上编辑输入的 HDL 文本、原理图或状态图形描述，依据给定的硬件结构组件和约束控制条件进行编译、优化、转换和综合，最终获得门级电路甚至更底层的电路描述网表文件；最后输出电路描述网表文件。

3. 适配

适配(Fitter)将由综合器产生的网表文件配置于指定的目标器件，并产生最终的可下载文件。将综合后的网表文件针对某一具体的目标器件进行逻辑映射操作，其中包括底层器件配置、逻辑分割、逻辑优化、逻辑布局布线操作。其结果体现为仿真文件(用做精确的时序仿真)、编程文件等。

4. 仿真

仿真包括时序仿真与功能仿真。时序仿真(Timing Simulation)是选择具体器件并完成布局布线后进行的包含延时的仿真，又称后仿真。功能仿真(Function Simulation)是直接对 VHDL、原理图描述或其他描述形式的逻辑功能进行测试模拟，了解其功能是否满足原设计的要求，不考虑信号时延因素的仿真。功能仿真是在设计输入后，布局布线前的仿真，又称前仿真。

5. 下载

编程下载(Program)是把适配后生成的下载/配置文件，通过编程器/编程电缆向 FPGA/CPLD 下载，以便进行硬件调试和验证。CPLD 器件采用编程(Program)，形成熔丝图文件，即 JEDEC 文件；FPGA 器件采用配置(Configure)，形成 Bitstream 位流数据文件。

6. 硬件测试

最后，将含有载入了设计的 FPGA 或 CPLD 的硬件系统进行统一测试，最终验证设计项目在目标系统上的实际工作情况，以排除错误、改进设计。

本 章 小 结

    EDA 技术是以计算机为工作平台，以硬件描述语言为表达方式，以 EDA 工具软件为开发工具，以可编程逻辑器件为设计载体，以电子系统设计为应用方向的电子产品自动化设计过程。

    本章主要介绍 EDA 技术的基本概念和知识体系结构，包括 EDA 技术及其发展和应用情况、硬件描述语言、可编程逻辑器件以及相关的 EDA 工具软件，最后简述了基于 FPGA/CPLD 的 EDA 设计流程。其中给出的一些基本概念，如综合、仿真等在后续章节中会经常用到，因此需加以关注。

习 题

一、填空题

1. 硬件描述语言是 EDA 技术的重要组成部分，是电子系统硬件行为描述、结构描述、数据流描述的语言。它的种类很多，如(　　　)、(　　　)、(　　　)。

2. EDA 即(　　　)。

3. 可编程逻辑器件的设计过程可以分为(　　　)、(　　　)、(　　　)、(　　　)、(　　　)、(　　　)六个步骤。

4. 将硬件描述语言转化为硬件电路网表文件的过程称为(　　　)。

5. EDA 的设计输入主要包括(　　　)和(　　　)。

6. 功能仿真是在设计输入完成之后，选择具体器件进行编译之前进行的逻辑功能验证，因此又称为(　　　)。

7. 时序仿真是在选择了具体器件并完成布局布线之后进行的时序关系仿真，因此又称为(　　　)。

二、选择题

1. 将设计的系统或电路按照 EDA 开发软件要求的某种形式表示出来，并送入计算机的过程称为(　　)。

    A. 设计输入   B. 设计输出   C. 仿真   D. 综合

2. 包括设计编译和检查、逻辑优化和综合、适配和分割、布局和布线，生成编程数据文件等操作的过程称为(　　)。

    A. 设计输入   B. 设计处理   C. 功能仿真   D. 时序仿真

3. 在设计输入完成之后，应立即对设计文件进行(　　)。

    A. 编辑   B. 编译   C. 功能仿真   D. 时序仿真

4. 在 EDA 工具中，能将硬件描述语言转化为硬件电路网表文件的重要工具软件称为(　　)。

    A. 仿真器   B. 综合器   C. 适配器   D. 下载器

5. 在 EDA 工具中，能完成在目标系统器件上布局布线的软件称为(　　)。

A. 仿真器　　　　 B. 综合器　　　　 C. 适配器　　　　 D. 下载器

6. 综合是 EDA 设计流程的关键步骤，在下面对综合的描述中(　　)是错误的。

A. 综合就是把抽象设计层次中的一种表示转化成另一种表示的过程

B. 综合就是将电路的高级语言转化成低级的，可与 FPGA/CPLD 的基本结构相映射的网表文件

C. 为实现系统的速度、面积、性能的要求，需要对综合加以约束，称为综合约束

D. 综合可理解为，将软件描述与给定的硬件结构用电路网表文件表示的映射过程，并且这种映射关系是唯一的(即综合结果是唯一的)

三、简答题

1. 什么是 EDA 技术？简述 EDA 技术的发展过程。

2. FPGA/CPLD 有什么特点？二者在存储逻辑信息方面有什么区别？

3. 简述面向 FPGA/CPLD 的 EDA 工程的设计流程。

4. 简述传统设计方法与 EDA 方法的区别。

5. VHDL 有哪些主要特点？

6. 功能仿真模式和时序仿真模式有什么不同？

第 2 章　可编程逻辑器件特性与应用

　　利用 EDA 技术进行电子系统设计的最终载体是大规模可编程逻辑器件。可编程逻辑器件(Programmable Logic Device，PLD)是 20 世纪 70 年代发展起来的一种新的集成器件。它是一类半定制的通用性器件，用户可以通过对 PLD 器件进行编程来实现所需的逻辑功能。与专用集成电路 ASIC 相比，PLD 具有灵活性高、设计周期短、成本低、风险小等优势，因而得到了广泛的应用。PLD 目前已经成为数字系统设计的重要硬件基础。

2.1　可编程逻辑器件概述

2.1.1　可编程逻辑器件的发展

　　自 20 世纪 60 年代以来，数字集成电路经历了从小规模集成电路 SSI、中规模集成电路 MSI、大规模集成电路 LSI，到超大集成电路 VLSI 的发展过程。其间，微电子技术迅猛发展，集成电路的集成规模几乎以平均每 1~2 年翻一番的速度快速增长。

　　集成电路技术的发展也带来了设计方法的进步。先进的 EDA 技术将传统的"自下而上"的设计方法改变为"自上而下"的设计方法。利用计算机技术，设计者在实验室里就可以设计出合适的 ASIC 专用集成电路芯片。作为 ASIC 的重要分支，可编程逻辑器件 PLD 因其成本低、使用灵活、设计周期短、可靠性高且风险小而得到普遍应用，发展非常迅速。

　　PLD 从 20 世纪 70 年代发展到现在，已经形成了许多类型的产品，其结构、工艺、集成度、速度等方面都在不断完善和提高。随着数字系统规模和复杂度的增长，许多简单 PLD 产品已经逐渐退出市场。目前使用最广泛的可编程逻辑器件有两类：现场可编程门阵列(Field Programmable Gate Array，FPGA)和复杂可编程逻辑器件(Complex Programmable Logic Device，CPLD)。

　　最早的 PLD 是 1970 年制成的 PROM 可编程只读存储器，它由固定的与阵列和可编的或阵列组成。它采用熔丝工艺编程，只能写一次，不能擦除和重写。

　　20 世纪 70 年代中期，出现了可编程逻辑阵列 PLA。它由可编程的与阵列和可编程的或阵列组成。PLA 解决了 PROM 当输入变量增加时会引起存储容量迅速增加的问题，但其价格较贵、编程复杂、支持 PLA 的开发软件有一定难度，因而没有得到广泛应用。

　　20 世纪 70 年代末期，美国 MMI 公司率先推出可编程阵列逻辑 PAL。它由可编程的与阵列和固定的或阵列组成，采用熔丝编程方式，双极工艺制造，器件的工作速度很高。PAL 的输出结构种类很多、设计灵活，因此成为第一个得到广泛应用的 PLD。

　　20 世纪 80 年代初，Lattice 公司发明了通用阵列逻辑 GAL。这是一种可电擦写、可重复编程并且可设置加密的 PLD。它采用了输出逻辑宏单元 OLMC 的形式和 E^2CMOS 工艺，比 PAL 使用更加灵活，可取代大部分 SSI 和 MSI 数字集成电路。

20 世纪 80 年代中后期，出现了采用大规模集成电路技术的 FPGA 和 CPLD。期间，PLD 在结构、工艺、集成度、功能、速度和灵活性上都有很大的改善和提高。

2.1.2　可编程逻辑器件的分类

PLD 器件类型很多、命名各异。不同厂家生产的 PLD，其结构和特点也有所不同。通常可以按照集成度、基本结构、编程方式和逻辑单元对 PLD 进行分类。

1. 按集成度分类

可编程逻辑器件按集成密度可分为低密度可编程逻辑器件(LDPLD)和高密度可编程逻辑器件(HDPLD)两类。具体分类如图 2.1 所示。

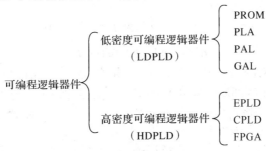

图 2.1　PLD 按集成度分类

LDPLD 通常是指早期发展起来的、集成密度小于 700 门/片左右的 PLD。如 ROM、PLA、PAL 和 GAL 等。

HDPLD 包括可擦除可编程逻辑器件 EPLD(Erasable Programmable Logic Device)、CPLD 和 FPGA 三种，其集成密度大于 700 门/片；如 Altera 公司的 EPM9560，其集成密度为 12000 门/片；Lattice 公司的 pLSI/ispLSI3320 集成密度为 14000 门/片等。目前集成度最高的 HDPLD 可达 25 万门/片以上。

2. 按编程方式分类

可编程逻辑器件按编程方式可分为两类：一次性编程 OTP(One Time Programmable)器件和可多次编程 MTP(Many Time Programmable)器件。

OTP 器件是属于一次性使用的器件，只允许用户对器件编程一次，编程后不能修改。其优点是可靠性与集成度高，抗干扰性强。

MTP 器件是属于可多次重复使用的器件，允许用户对其进行多次编程、修改或设计，特别适合于系统样机的研制和初级设计者的使用。

根据各种可编程元件的结构及编程方式，可编程逻辑器件通常又可以分为以下四类：

(1) 采用一次性编程的熔丝(Fuse)或反熔丝(Antifuse)元件的可编程器件。如 PROM、PAL 和 EPLD 等。

(2) 采用紫外线擦除、电可编程元件，即采用 EPROM、UVCMOS 工艺结构的可多次编程器件。

(3) 采用电擦除、电可编程元件。其中一种是 E^2PROM，另一种是采用快闪存储器单元(Flash Memory)结构的可多次编程器件。

(4) 基于静态存储器 SRAM 结构的可多次编程器件。目前多数 FPGA 是基于 SRAM 结构的可编程器件。

3. 按结构特点分类

PLD 按结构特点可分为阵列型 PLD 和现场可编程门阵列型 FPGA 两大类，如图 2.2 所示。

图 2.2　PLD 按基本结构分类

阵列型 PLD 的基本结构由与阵列和或阵列组成。简单 PLD(如 PROM、PLA、PAL 和 GAL 等)、EPLD 和 CPLD 都属于阵列型 PLD。这类器件是由"与阵列"和"或阵列"组成的，采用了较大规模的逻辑单元，能有效的实现"与或"形式的逻辑函数，包括低密度的 PLD、EPLD 和 CPLD。

现场可编程门阵列型 FPGA 具有门阵列的结构形式，由许多可编程单元(或称逻辑功能块)排成阵列组成，称为单元型 PLD。这种器件采用门阵列和分段式连线结构，能有效的实现各种大规模的逻辑函数。单元型器件的连线结构采用长度不同的集中连线线段，经过相应开关元件的编程将内部逻辑单元连接起来，形成相应的信号通路。如 Xilinx 公司的 FPGA。

基于门阵列结构的 PLD 又称为现场可编程逻辑门阵列 FPGA，是由可编程逻辑单元组成的。这种结构和与/或阵列结构不同，而且不同公司、不同系列产品的组织结构也不完全相同。由于 FPGA 内部的触发器较多，因此更适合时序电路设计和复杂算法的研究。

2.1.3　可编程逻辑器件的基础

在数字电路系统中，根据布尔代数的知识可知，任何组合逻辑函数都可以用"与或"表达式描述，即可用"与门/或门"两种基本电路实现任何组合逻辑电路，而时序逻辑电路又是由组合逻辑电路和存储元件构成的。基于此知识，人们提出了一种可编程电路结构，由输入处理电路、与阵列、或阵列和输出处理电路四部分组成，其基本结构如图 2.3 所示。

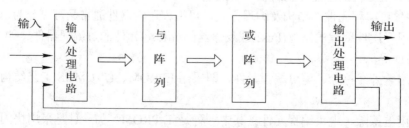

图 2.3　基本 PLD 器件的基本原理结构图

图 2.3 中与阵列和或阵列是电路的主体，主要用来实现组合逻辑函数。输入处理电路是由输入缓冲器组成的，其功能主要是使输入信号具有足够的驱动能力并产生输入变量的原变量以及反变量两个互补的信号。输出处理电路主要由三态门寄存器组成，主要提供不同的输出方式，可以由或阵列直接输出(组合方式)，也可以通过寄存器输出(时序方式)。需要说明的是，新型 PLD 器件已经把宏单元融入到输入或输出处理电路中，从而使 PLD 的功能更灵活、更完善。

2.2　可编程逻辑器件的基本结构

2.2.1　简单 PLD 的基本结构

在介绍简单 PLD 的基本结构之前，首先要熟悉 PLD 逻辑阵列连接的几种逻辑表示方式和一些 PLD 电路的逻辑符号图形。图 2.4 所示是常用逻辑门符号与现有国际逻辑门符号的一个对照。在常用的 EDA 软件中，原理图一般用途中所说的"常用符号"来表示。因为 PLD 的阵列规模十分庞大，用传统表示法极不方便，所以特用一种约定的简化图来表示。

	非门	与门	或门	异或门
常用符号	A —▷○— $\overline{A}$	A B ⫟— F	A B ⊃— F	A B ⫘— F
国标符号	A —[1]○— $\overline{A}$	A B —[&]— F	A B —[≥1]— F	A B —[=1]— F
逻辑表达式	$\overline{A}$=NOT A	F=A · B	F=A+B	F=A⊕B

图 2.4　常用逻辑门符号与现有国际逻辑门符号的对照

接入 PLD 内部的与或阵列输入缓冲器电路，一般采用互补结构，用图 2.5 表示；它等效于图 2.6 所示的逻辑结构，即当信号输入 PLD 后，分别以其相同信号或反信号接入。

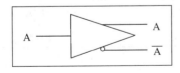

图 2.5　PLD 的互补缓冲器

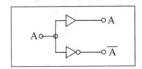

图 2.6　PLD 的互补输入

图 2.7 是 PLD 与阵列的简化图形，表示可以选择 A、B、C、D 这 4 个信号中的任一个(或全部)输入与门。同理，或阵列也用类似的方式表示。图 2.8 是 PLD 或阵列的简化图形，表示可以选择 A、B、C、D 这 4 个信号中的任一个(或全部)输入与门。图 2.9 中给出了 PLD 的三种连接方式，连线交叉处有实点的表示固定连接(见图 2.9(a))；有符号"×"的表示可编程连接(见图 2.9(b))；连线单纯交叉的表示不连接(见图 2.9(c))。

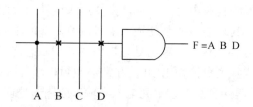

图 2.7　PLD 中与阵列表示

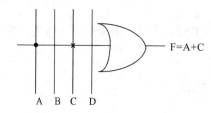

图 2.8　PLD 中或阵列的表示

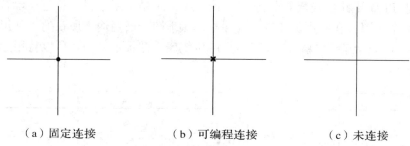

（a）固定连接　　　　　　（b）可编程连接　　　　　　（c）未连接

图 2.9　阵列线连接表示

　　根据与或阵列中可以编程的电路以及其组态的方式不同，PROM、PLA、PAL 和 GAL 这四种简单的 PLD 电路的结构特点如表 2.1 所示。

表 2.1　四种简单的 PLD 电路的结构特点

类型	阵　列		输出方式
	与	或	
PROM	固定	可编程	TS(三态)，OC(可溶极性)
PLA	可编程	可编程	TS(三态)，OC(可溶极性)
PAL	可编程	固定	TS(三态)，I/O，寄存器反馈
GAL	可编程	固定	用户定义

1. PROM

　　20 世纪 70 年度初期的 PLD 主要是可编程只读存储器(Programmable Read Only Memory，PROM)和可编程逻辑阵列(Programmable Logic Array，PLA)。在 PROM 中，与阵列固定，或阵列可编程，如图 2.10 所示。PROM 的与阵列为全译码阵列，器件的规模将随着输入信号数量 n 的增加成 2^n 指数级增长。因此 PROM 一般只用于数据存储器，不适用于实现逻辑函数。PROM 的或阵列为可编程的阵列，用来选取需要的最小项。

　　图 2.11 是由用 PROM 完成半加器逻辑阵列 $F_0 = A_0\overline{A_1} + \overline{A_0}A_1$，$F_1 = A_1A_0$ 的。从中可看

出，用 PROM 可以很方便地输出组合逻辑函数。从组合逻辑电路的角度来看，电路的输入变量就是 PROM 的输入地址信号，电路的输出函数就是 PROM 中存储的数据。

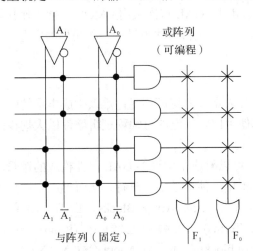

图 2.10 PROM 阵列结构

图 2.11 用 PROM 完成半加器逻辑阵列

2. PLA

PLA 是对 PROM 进行改进而生产的。在 PLA 中，与阵列和或阵列都是可编程的，其阵列结构如图 2.12 所示。虽然 PLA 的存储单元利用率相对较高，但由于与阵列和或阵列都是可编程的，因此使软件算法复杂，运行速度大幅下降。此外，该器件依然采用熔丝工艺，只可一次性编程使用。

3. PAL

20 世纪 70 年代末期，MMI 公司率先推出了可编程阵列逻辑(Programmable Array Loigc，PAL)器件。在 PAL 中，与阵列是可编程的，或阵列是固定的，其阵列结构如图 2.13 所示。与阵列可编程使输入项增多，或阵列固定使器件简化；但器件编程的灵活性不够，通用性也比较差。此外，PAL 器件仍采用熔丝，只可一次编程。

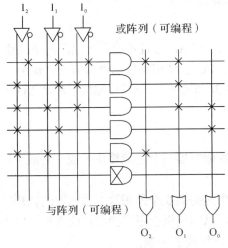

图 2.12 PLA 阵列结构

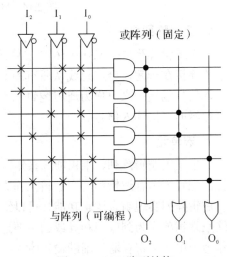

图 2.13 PAL 阵列结构

4. GAL

20 世纪 80 年代中期，Lattice 公司在 PAL 基础上设计出了通用阵列逻辑(Generic Array Logic，GAL)器件。GAL 在阵列结构上与 PAL 相似。GAL 首次采用 CMOS 工艺，使其具有反复擦除和改写的功能，彻底克服了熔丝型可编程逻辑器件中只能一次编程的问题。

2.2.2　CPLD 的基本结构

简单 PLD 器件规模小，I/O 口不够灵活，片内寄存器资源不足，难以构成丰富的时序电路，需要专用的编程工具，使用不便。目前使用比较广泛的可编程逻辑器件以大规模的 CPLD 和 FPGA 为主。

CPLD 的基本工作原理与 GAL 器件相似，可以看成是由许多 GAL 器件构成的逻辑，只是相邻的乘积项可以互相借用，且每一条逻辑单元能单独引入时钟，从而可以实现异步时序逻辑电路。CPLD 在结构上包括逻辑阵列块(Logic Array Blocks，LAB)、宏单元 (Macrocells)、扩展乘积项(Expender Product Terms)、可编程连线阵列(Programmable Interconnect Array，PIA)和 I/O 控制块(I/O control blocks)。本节以 Altera 公司 MAX7000 系列的 MAX7123 器件为例讲解 CPLD 的基本结构，其结构如图 2.14 所示。

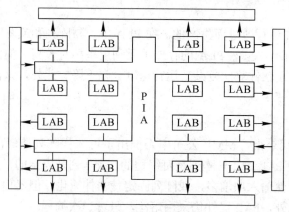

图 2.14　MAX7123 的基本结构

1. 逻辑阵列块

每个逻辑阵列块(LAB)由 16 个宏单元组成，多个 LAB 通过可编程连线阵列(PIA)和全局总线连接在一起，全局总线从所有的专用输入、I/O 引脚和宏单元馈入信号。每个 LAB 的输入信号包括：来自作为通用逻辑输入 PIA 的 36 个信号、全局控制信号和从 I/O 引脚到寄存器的直接输入信号。

2. 宏单元

宏单元由逻辑阵列、乘积项选择矩阵和可编程触发器三个功能模块组成。它们可以被单独的配置为组合逻辑和时序逻辑工作方式。

逻辑阵列实现组合逻辑功能，可以给每个宏单元提供 5 个乘积项。乘积项选择矩阵分配这些乘积项作为到或门和异或的主要逻辑输入，以实现组合逻辑函数；或者把这些乘积项作为宏单元中寄存器的辅助输入(清零、置位、时钟使能控制)。

每个宏单元中有一个"共享逻辑扩展项"经非门后回馈到逻辑阵列中。另外，宏单元中的可编程触发器可以单独地被配置为带有可编程时钟控制的触发器工作方式；也可以将寄存器旁落掉，以实现组合逻辑工作方式。

3. 扩展乘积项

虽然每个宏单元中的 5 个乘积项能够满足大多数函数的需求；但对于复杂函数，需要附加乘积项，利用其他宏单元以提供所需的逻辑资源。利用扩展乘积项可保证在实现逻辑综合时，用尽可能少的逻辑资料，得到尽可能快的工作速度。

4. 可编程连线阵列

可编程连续阵列(PIA)用于将各个 LAB 连接起来，构成所需的逻辑布线通道。这个全局总线是一种可编程的通道，可以把器件中任何信号连接到其他目的地。

5. I/O 控制块

I/O 控制块可以把每个 I/O 引脚单独地配置为输入、输出和双向工作方式。所有的 I/O 引脚都有一个三态缓冲器。三态缓冲器能由全局输出使能信号中的一个控制，或者把使能端直接连接到地或电源上。I/O 控制块有两个全局输出使能信号，它们由两个专用的、低电平有效的输出使能引脚驱动。

2.2.3　FPGA 的基本结构

FPGA 是现场可编程门阵列的简称，是除 CPLD 的另一种应用广泛的可编程逻辑器件。

1. 查找表

简单 PLD 和 CPLD 都是基于乘积项的可编程结构，即由可编程的与阵列和固定的或阵列来完成逻辑功能。FPGA 使用的是一种可编程逻辑的形成方法，即使用查找表(LUT)结构来构成可编程逻辑器件。LUT 是可编程的最小逻辑构成单元，其基于 SRAM 查找表，并采用 RAM 数据查找的方法来构成逻辑函数发生器。

一个 n 输入的查找表可以实现 n 个输入变量的任何逻辑功能。图 2.15 所示是一个 4 输入 LUT，其内部结构如图 2.16 所示。一个 n 输入的查找表，共有 2^n 个位的 SRAM 单元。显然 n 不能太大，否则 LUT 的利用率很低。输入多于 n 个的逻辑函数，必须用几个查找表分开实现。

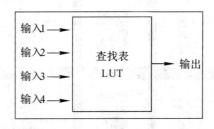

图 2.15　FPGA 查找表单元

在图 2.16 中，如果假设所有的二选一多路选择器都是当输入信号 A、B、C、D 为 1 时选择上路输出，反之选择下路输出，则根据图中 RAM 单元存储信息可知，本查找表可实现的逻辑函数表达式为：$Y = \overline{A}BCD + A\overline{B}CD + AB\overline{C}D + AB\overline{C}\overline{D}$。

先假设将 RAM 中的数据从上到下调整为 1000100000000000，那么本查找表可实现的逻辑函数表达式为： $Y = ABCD + AB\overline{C}D$ 。

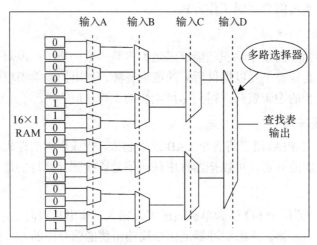

图 2.16 FPGA 查找单元内部结构

2. 基本结构

FLEX10K 系列器件的结构和工作原理在 Altera 公司的 FPGA 器件中具有典型性。下面以此器件为例，介绍 FPGA 的结构和工作原理。

FLEX10K 系列器件在结构上包括嵌入式阵列块(EAB)、逻辑阵列块(LAB)、快速通道(Fast Track)互连和 I/O 单元(IOC)。一组逻辑单元(LE)组成一个 LAB，LAB 按行和列排成一个矩阵，并且在每一行放置一个 EAB。在器件内部，信号的互连及信号与器件引脚的连接由快递通道提供，在每行或每列快递通道互连线的两端连接着若干 IOC。其内部结构如图 2.17 所示。

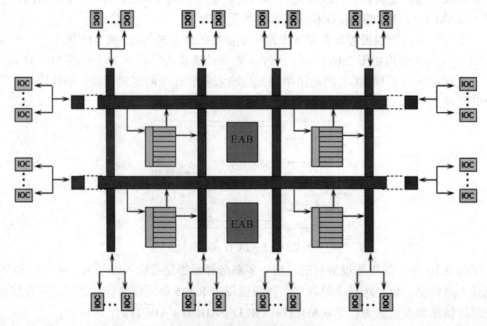

图 2.17 FLEX10K 的内部结构

1) 嵌入式阵列块

嵌入式阵列块(EAB)是一种输入端和输出端带有寄存器的 RAM。它既可以作为寄存器使用，也可以用来实现逻辑功能。

当作为寄存器使用时，每个 EAB 可以提供 2048 个比特，可以用来构成 RAM、ROM、FIFORAM 或双口 RAM。每个 EAB 可以单独使用，也可以由多个 EAB 构成规模更大的存储器来使用。

EAB 的另一个应用是来实现复杂的逻辑功能。每个 EAB 可相当于 100～300 个等效门，能方便的构成各种功能模块，并由这些模块进一步实现复杂的功能逻辑。

2) 逻辑单元

逻辑单元(LE)是 FLEX10K 结构中的最小单元。它能有效的实现逻辑功能。每一个 LE 包含一个 4 输入的 LUT、一个带有同步使能的可编程触发器、一个进位链和一个级联链。每个 LE 有两个输出，分别可以驱动局部互连和快速通道互连。逻辑单元的组成如图 2.18 所示。

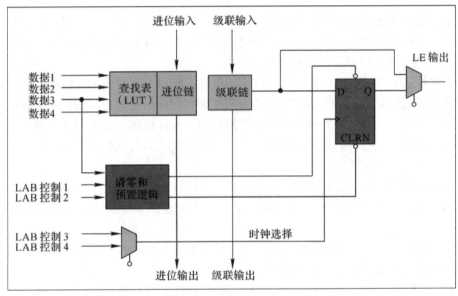

图 2.18　逻辑单元的组成

3) 逻辑阵列块

逻辑阵列(LAB)由相邻的 LE 构成。每个 LAB 包含 8 个 LE、相连的进位链和级联链、LAB 控制信号和 LAB 局部互连线，可以提供 4 个可供 8 个 LE 使用的控制信号，其中两个可用于时钟，另外两个用做清除/置位逻辑控制。LAB 的控制信号可由专用的输入引脚、I/O 引脚或借助 LAB 局部互连的任何内部信号直接驱动。专用输入端一般用做公共的时钟、清除或置位信号。

4) 快速通道

在 FLEX10K 中，不同 LAB 中的 LE 与器件 I/O 引脚之间的连接是通过快速通道互连实现的。快速通道是贯穿整个器件长和宽的一系列水平和垂直的连续分布线通道，由若干组行连线和列连线组成。采用这种布线结构，即使对于复杂的设计也可预测其性能。

5) I/O 单元

I/O 单元(IOC)位于快速通道、行和列的末端，包含一个双向的 I/O 缓冲器和一个寄存器。这个寄存器可以用做需要快速建立时间的外部数据的输入寄存器，也可以作为要求快速"时钟到输出"性能的输出寄存器。IOC 可以被配置成输入、输出和双向口。

3. FPGA 的数据配置

FPGA 是基于 SRAM 的，其内部逻辑功能和连线由芯片内 SRAM 所存储的数据决定，而 SRAM 断电后数据会丢失。因此，利用 FPGA 构成的数字系统，必须外接掉电非易失性存储器存储配置数据。系统加电时，通过存储在芯片外部的串行 E^2PROM 所提供的数据对 FPGA 进行配置。在数字系统调试阶段，为了避免多次对配置器件的擦写而引起器件损坏，可以通过下载电缆将配置数据直接下载到 FPGA 的 SRAM 中，经系统调试成功后，再将配置数据写入配置器件中。

2.2.4　FPGA 和 CPLD 的比较

FPGA 是在 PAL、GAL、CPLD 等可编程器件的基础上进一步发展的产物。它是作为专用集成电路(ASIC)领域中的一种半定制电路而出现的，既解决了定制电路的不足，又克服了原有可编程器件门电路数有限的缺点。

CPLD 是从 PAL 和 GAL 器件发展出来的器件，相对而言规模大、结构复杂，属于大规模集成电路范围。它是一种用户根据各自需要而自行构造逻辑功能的数字集成电路。其基本设计方法是借助集成开发软件平台，用原理图、硬件描述语言等方法生成相应的目标文件，通过下载电缆将代码传送到目标芯片中，最终实现设计的数字系统。

FPGA 和 CPLD 的区别：

(1) CPLD 更适合完成各种算法和组合逻辑，FPGA 更适合于完成时序逻辑。换句话说，FPGA 更适合于触发器丰富的结构，而 CPLD 更适合于触发器有限而乘积项丰富的结构。

(2) CPLD 的连续式布线结构决定了它的时序延迟是均匀的和可预测的，而 FPGA 的分段式布线结构决定了其延迟的不可预测性。

(3) 在编程上，FPGA 比 CPLD 具有更大的灵活性。CPLD 通过修改具有固定内连电路的逻辑功能来编程，FPGA 主要通过改变内部连线的布线来编程；FPGA 可在逻辑门下编程，而 CPLD 是在逻辑块下编程。

(4) FPGA 的集成度比 CPLD 高，具有更复杂的布线结构和逻辑实现。

(5) CPLD 比 FPGA 使用起来更方便。CPLD 的编程采用 E^2PROM 或 FASTFLASH 技术，无需外部存储器芯片，使用简单；而 FPGA 的编程信息需存放在外部存储器上，使用方法复杂。

(6) CPLD 的速度比 FPGA 快，并且具有较大的时间可预测性。这是由于 FPGA 是门级编程，并且 CLB 之间采用分布式互联；而 CPLD 是逻辑块级编程，并且其逻辑块之间的互联是集总式的。

(7) 在编程方式上，CPLD 主要是基于 E^2PROM 或 FLASH 存储器编程，编程次数可达 1 万次，系统断电时编程信息不丢失；CPLD 又可分为在编程器上编程和在系统编程两类。FPGA 大部分是基于 SRAM 编程，编程信息在系统断电时丢失，每次上电时，需从器件外部将编程数据重新写入 SRAM 中；其优点是可以编程任意次，可在工作中快速编程，从而实现板级和系统级的动态配置。

(8) CPLD 保密性好，FPGA 保密性差。

(9) 一般情况下，CPLD 的功耗要比 FPGA 大，且集成度越高越明显。

随着复杂可编程逻辑器件(CPLD)集成密度的提高，数字器件设计人员在进行大型设计时，既灵活又容易；而且随着产品很快地进入市场，许多设计人员已经感受到 CPLD 的容易使用。其具有时序可预测和速度高等优点。在过去，由于受到 CPLD 集成密度的限制，使设计人员不得转向 FPGA 和 ASIC；而现在，设计人员可以体会到集成密度高达数十万门的 CPLD 所带来的好处。

2.3　FPGA/CPLD 的编程与配置

对 CPLD/FPGA 芯片进行编程配置的方式有多种。

1. 按使用计算机的通信接口划分，可分为：

(1) 串口下载(BitBlaster 或 MasterBlaster)。

(2) 并口下载(ByteBlaster)。

(3) USB 接口下载(MasterBlaster 或 APU)。

2. 按使用的 CPLD/FPGA 器件划分，可分为：

(1) CPLD 编程(适用于片内编程元件为 EPROM、E^2PROM 和闪存的器件)。

(2) FPGA 下载(适用于片内编程元件为 SDRAM 的器件)。

3. 按 CPLD/FPGA 器件在编程下载过程中的状态划分，可分为：

(1) 主动配置方式。在这种配置方式下，由 CPLD 器件引导配置操作的过程并控制着外部存储器和初始化过程。

AS 模式(Active Serial Configuration Mode)：FPGA 器件每次上电时，作为控制器从配置器件 EPCS 主动发出读取数据信号，从而把 EPCS 的数据读入 FPGA 中，实现对 FPGA 的编程。

(2) 被动配置方式。在这种配置方式下，由外部 CPU 或控制器(如单片机)控制配置。

PS 模式(Passive Serial Configuration Mode)：EPCS 作为控制器件，把 FPGA 当做存储器，把数据写入到 FPGA 中，实现对 FPGA 的编程。该模式可以实现对 FPGA 的在线可编程。

2.3.1　JTAG 方式的编程

JTAG 接口是一个业界标准，主要用于芯片测试等功能。它使用 IEEE STD 1149.1 联合边界扫描接口引脚，支持 JAM STAPL 标准，可以使用 Altera 公司的下载电缆或主控器来完成。JTAG 实际上是将仿真功能嵌入到芯片内部，接上比较简单的调试工具就可以进行开发，省掉了高价的仿真器。图 2.19 是 JTAG 边界扫描测试。

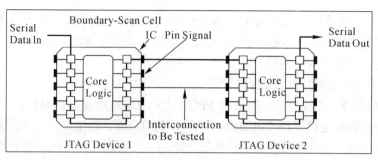

图 2.19　JTAG 边界扫描测试

JTAG 调试用到了 TCK、TMS、TDI、TDO 和 TRST 这几个引脚，如表 2.2 所示。

表 2.2　边界扫描 IO 引脚功能

引　脚	描　述	功　　能
TDI	测试数据输入 (Test Data Input)	测试指令和编程数据的串行输入引脚，数据在 TCK 的上升沿移入
TDO	测试数据输出 (Test Data Output)	测试指令和编程数据的串行输出引脚，数据在 TCK 的下降沿移出；如果数据没有被移出时，该引脚处于高阻态
TMS	测试模式选择 (Test Mode Select)	控制信号输入引脚，负责 TAP 控制器的转换；TMS 必须在 TCK 的上升沿到来之前稳定
TCK	测试时钟输入 (Test Clock Input)	时钟输入到 BST 电路，一些操作发生在上升沿，而另一些操作发生在下降沿
TRST	测试复位输入 (Test Reset Input)	低电平有效，异步复位边界扫描电路(在 IEEE 规范中，该引脚可选)

芯片下载接口如图 2.20 所示。对应的引脚信号名称如表 2.3 所示。

ByteBlaster 顶视图

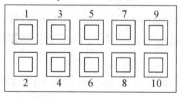

图 2.20　10 芯片下载接口

表 2.3　接口各引脚信号名称

引脚	1	2	3	4	5	6	7	8	9	10
PS 模式	DCK	GND	CONF_DONE	VCC	nCONFIG	—	nSTATUS	—	DATA0	GND
JATG 模式	TCK	GND	TDO	VCC	TMS	—	—	—	TDI	GND

　　CPLD 的 JTAG 方式编程下载连接图，如图 2.21 所示，TCK、TDO、TMS、TDI 为 CPLD 的 JTAG 接口。

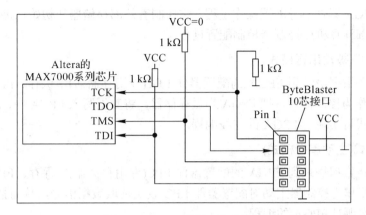

图 2.21　CPLD 编程下载连接图

　　FPGA 的 JTAG 方式编程下载连接图，如图 2.22 所示，TCK、TDO、TMS、TDI 为 FPGA 的 JTAG 接口。

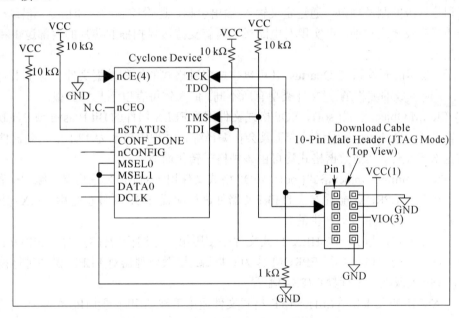

图 2.22　FPGA 编程下载连接图

2.3.2　PC 并行口配置 FPGA

　　并口是 PC 电脑配备的 25 针并行接口，也称 LPT 口或打印接口，支持 IEEE 1284 标准。并行接口通常用于连接打印扫描设备或其他要求并行传输的外部设备。FPGA 可以通过并口下载线(Blaster II)配置。它的 25Pin 大头端可以插到电脑的并口上去，而 10Pin 的小头端是插到 FPGA 器件引出的配置插座里去的，这样便可以进行下载通信。随着并口越来越少，并口下载逐渐被 USB 口下载取代。

2.3.3　Altera 公司的可编程逻辑器件的配置/编程

　　Altera 公司的 FPGA 器件有两类配置下载方式：主动配置方式和被动配置方式。主动配置方式由 FPGA 器件引导配置操作过程，它控制着外部存储器和初始化过程；而被动配置方式则由外部计算机或控制器控制配置过程。

1. PS 模式(被动串行模式)

下载时，将数据烧录到 FPGA 的配置器件 EPC(专用存储器)中保存。FPGA 器件每次上电时，EPC 作为控制器件，把 FPGA 当做存储器，将数据写入 FPGA 中，实现对 FPGA 的编程。该模式可实现对 FPGA 的在线编程。

2. AS 模式(主动串行模式)

下载时，将数据烧录到 FPGA 的配置器件 EPC(专用存储器)中保存。FPGA 器件每次上电时，FPGA 作为控制器主动对配置器件 EPC 发出读取数据信号，从而把 EPC 的数据读入 FPGA，实现对 FPGA 的编程。

3. JTAG 模式

直接将数据烧录到 FPGA 中，由于是 SRAM，所以断电后数据丢失。JTAG 标准提供了板级和芯片级的测试规范。通过定义输入/输出引脚、逻辑控制函数和指令，借助一个 4 信号线的接口及相应软件，可实现对电路板上所有支持边界扫描的芯片的内部逻辑和边界引脚的测试。

Altera 公司的开发系统 Quartus Ⅱ可以生成多种格式的编程数据文件。对于不同系列的器件，所能生成的编程/配置文件类型有所不同，但大致可有以下几种类型：

(1) SRAM Object 格式(.sof)。SOF 格式文件用于 FLEX 器件的 Bit Blaster 或 Byteblaster 被动配置方式。Quartus Ⅱ编译综合工具会在编译综合过程中自动为 FLEX 系列器件生成 SOF 数据格式文件，其他数据格式均可由该种格式转化而成。

(2) Programming Object 格式(.pof)。POF 格式文件用于对 MAX 系列器件编程配置，也可以用于对采用 EPROM 配置方式的 FLEX 器件进行配置。POF 文件也是由 MAX+plus Ⅱ软件在编译综合过程中自动产生的。

(3) 十六进制格式(.hex)。HEX 格式文件是使用第三方编程硬件对并行 EPROM 编程的数据文件，从而可以将并行 EPROM 作为数据源，用微处理器对 FLEX 器件进行被动串行同步(PS)配置或被动串行异步(PSA)配置。

(4) ASCII 码文本格式(.ttf)。TTF 格式文件适用于被动串行同步(PS)配置和被动串行异步(PSA)配置类型。它在配置数据之间以逗号分隔。

本 章 小 结

可编程逻辑器件是利用 EDA 技术进行电子系统设计的载体。本章概述了可编程逻辑器件的发展历程、分类和基本结构特点，依次介绍了简单 PLD、CPLD 和 FPGA 的基本结构、工作原理和特点，并对 CPLD 和 FPGA 的性能进行了比较，便于设计人员进行器件的选择。

常规 PLD 在使用中通常是先编程后装配；而采用在系统编程技术的 PLD 则是先装配后编程，且成为产品后还可重复编程。

习　题

一、填空题

1. 可编程逻辑器件的英文全称是(　　　　)。

2. 根据器件应用的技术，FPGA 可分为基于 SRAM 编程的 FPGA 和(　　　　)。

3. 实际项目中，实现 FPGA 的配置常常需要附加一片(　　　　)。

4. CPLD 的基本结构由(　　　)、(　　　)和(　　　)等三部分组成。

5. FPGA 由(　　　)、(　　　)和(　　　)三种可编程电路和一个(　　　)结构的配置存储单元组成。

6. CPLD 是基于(　　　)的可编程结构，即由可编程的与阵列和固定的或阵列来完成功能；而 FPGA 是采用(　　　)结构的可编程结构。

二、选择题

1. 在下列可编程逻辑器件中，不属于高密度可编程逻辑器件的是(　　　)。

A. EPLD　　　　　　B. CPLD　　　　　　C. FPGA　　　　　　D. PAL

2. 在下列可编程逻辑器件中，属于易失性器件的是(　　　)。

A. EPLD　　　　　　B. CPLD　　　　　　C. FPGA　　　　　　D. PAL

3. 大规模可编程器件主要有 FPGA 和 CPLD 两类。下列对 FPGA 结构与工作原理的描述中，正确的是(　　　)。

A. FPGA 是基于乘积项结构的可编程逻辑器件

B. FPGA 的全称为复杂可编程逻辑器件

C. 基于 SRAM 的 FPGA 器件，在每次上电后必须进行一次配置

D. 在 Altera 公司生产的器件中，MAX7000 系列属于 FPGA 结构

4. 大规模可编程器件主要有 FPGA 和 CPLD 两类。下列对 CPLD 结构与工作原理的描述中，正确的是(　　　)。

A. CPLD 是基于查找表结构的可编程逻辑器件

B. CPLD 是现场可编程逻辑器件的英文简称

C. 早期的 CPLD 是从 FPGA 的结构扩展而来的

D. 在 Xilinx 公司生产的器件中，XC9500 系列属于 CPLD 结构

三、简答题

1. PLD 的分类方法有哪几种？各有什么特征？

2. PLD 常用的存储元件有哪几种？各有哪些特点？

3. 简述 PROM、PAL、PLA 和 GAL 的基本结构与特点。

4. 简述 CPLD 的基本结构与特点。

5. 简述 FPGA 的基本结构与特点。

第3章　Quartus Ⅱ 的使用

3.1　QuartusⅡ 软件概述

Quartus Ⅱ 是 Altera 公司推出的新一代综合性 PLD/FPGA 开发软件,支持原理图、VHDL、Verilog HDL 以及 AHDL(Altera Hardware Description Language)等多种设计输入形式,内嵌自有的综合器以及仿真器,可以完成从设计输入到硬件配置的完整 PLD 设计流程。Quartus Ⅱ可以在 XP、Linux 以及 Unix 上使用,除了可以使用 Tcl 脚本完成设计流程外,还提供了完善的用户图形界面设计方式。具有运行速度快,界面统一,功能集中,易学易用等特点。Quartus Ⅱ支持 Altera 公司的 IP 核,包含了 LPM/MegaFunction 宏功能模块库,使用户可以充分地利用成熟的模块,简化了设计的复杂性、加快了设计速度。对第三方 EDA 工具的良好支持,也使用户可以在设计流程的各个阶段使用熟悉的第三方 EDA 工具。此外,Quartus Ⅱ 通过和 DSP Builder 工具与 Matlab/Simulink 相结合,可以方便地实现各种 DSP 应用系统;支持 Altera 公司的片上可编程系统(SOPC)开发,集系统级设计、嵌入式软件开发、可编程逻辑设计于一体,是一种综合性的开发平台。Quartus Ⅱ 与 Altera 公司的上一代 PLD 设计软件 MAX + plus Ⅱ 相比不仅仅是支持器件类型的丰富和图形界面的改变。Altera 在 Quartus Ⅱ中包含了许多诸如 SignalTap Ⅱ、Chip Editor 和 RTL Viewer 的设计辅助工具,集成了 SOPC 和 HardCopy 设计流程,并且继承了 MAX + plus Ⅱ友好的图形界面及简便的使用方法。

3.1.1　QuartusⅡ 软件的开发流程

Quartus Ⅱ适用于大规模逻辑电路设计,支持多种编辑输入法,包括图形编辑输入法,VHDL、Verilog HDL 和 AHDL 的文本编辑输入法,符号编辑输入法以及内存编辑输入法。Quartus Ⅱ 软件设计流程如图 3.1 所示。

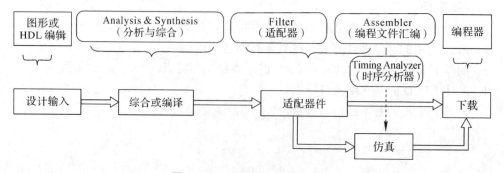

图 3.1　QuartusⅡ软件设计流程

　　图 3.1 上排所示的是 Quartus Ⅱ 编译设计主控界面。它显示了 Quartus Ⅱ 自动设计的各主要处理环节和设计流程，包括设计输入编辑、设计分析与综合、适配、编程文件汇编(装配)、时序参数提取以及编程下载几个步骤。图 3.1 下排的流程框图，是与上面的 Quartus Ⅱ 设计流程相对照的标准的 EDA 开发流程。

3.1.2　Quartus Ⅱ 软件的功能与特点

　　图 3.2 所示为 Quartus Ⅱ 软件界面图，其中各工具栏功能介绍如下。

　　(1) 快捷工具栏(鼠标右击时出现)：提供设置(Setting)，编译(Compile)等快捷方式，方便用户使用。用户也可以在菜单栏的下拉菜单找到相应的选项。

　　(2) 菜单栏：软件所有功能的控制选项都可以在其下拉菜单中找到。

　　(3) 编译及综合的进度栏(程序编译时出现)：编译和综合的时候该窗口可以显示进度，当显示 100%时表示编译或者综合通过。

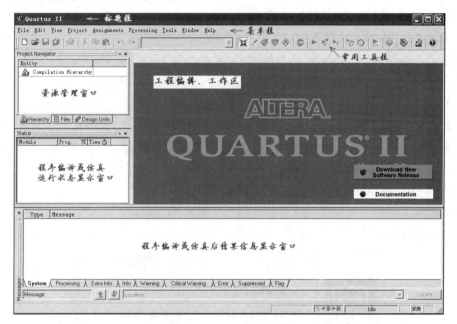

图 3.2　Quartus Ⅱ 软件界面

　　Quartus Ⅱ 提供完全集成且与电路结构无关的开发包环境，具有数字逻辑设计的全部特性。具体包括：

　　(1) 可利用原理图、结构框图、Verilog HDL、AHDL 和 VHDL 完成电路描述，并将其保存为设计实体文件。

　　(2) 芯片(电路)平面布局连线编辑。

　　(3) Logic Lock 增量设计方法，用户可建立并优化系统，然后添加对原始系统的性能影响较小或无影响的后续模块。

　　(4) 功能强大的逻辑综合工具。

　　(5) 完备的电路功能仿真与时序逻辑仿真工具。

　　(6) 定时/时序分析与关键路径延时分析。

(7) 可使用 Signal Tap II 逻辑分析工具进行嵌入式的逻辑分析。

(8) 支持软件源文件的添加和创建，并将它们链接起来生成编程文件。

(9) 使用组合编译方式可一次完成整体设计流程。

(10) 自动定位编译错误。

(11) 高效的期间编程与验证工具。

(12) 可读入标准的 EDIF 网表文件、VHDL 网表文件和 Verilog 网表文件。

(13) 能生成第三方 EDA 软件使用的 VHDL 网表文件和 Verilog 网表文件。

3.1.3 Quartus II 软件的安装

Quartus II 是 Altera 公司的综合性 PLD 开发软件，支持原理图、VHDL、Verilog HDL 以及 AHDL(Altera Hardware Description Language)等多种设计输入形式，内嵌自有的综合器以及仿真器，可以完成从设计输入到硬件配置的完整 PLD 设计流程。这里以 Quartus II 9.1 版本为例，介绍 Quartus II 软件安装过程。

1. Quartus_II_9.1 软件下载

下载 Quartus II 9.1 正式版(非免费的 Web 版)的地址为：

ftp://ftp.altera.com/outgoing/release/90_quartus_windows.exe 2.4GB

2. 安装 Quartus_II_9.1

下载的 91_quartus_windows.exe 文件是一个 2.4G 大小的自解压文件。双击该文件，将其解压到非系统盘(这个安装文件比较大，需解压到其他盘再安装，否则可能会出现 C 盘空间不足的现象)，接下来默认安装即可。

(1) 运行 91_quartus_windows.exe，如图 3.3 所示。点击"Browse"选择一个目录，安装文件便会解压到这个目录里。解压后得到一个名为 91_quartus_windows 的文件夹；打开文件夹，双击文件夹里面的"Setup"后按照软件提示选择，点击"Next"按钮。

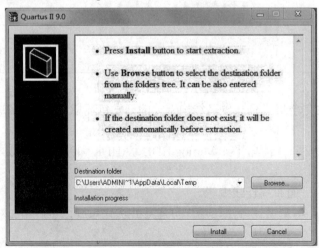

图 3.3　Quartus II 安装界面

(2) 出现如图 3.4 所示的对话框，选择接受"I accepet the terms of the license agreement"，单击"Next"按钮。

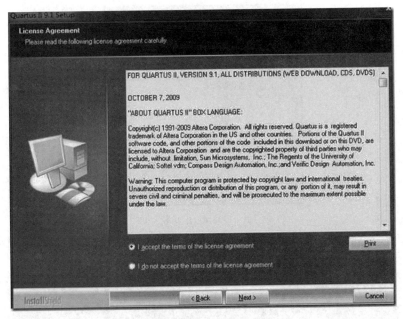

图 3.4　Quartus Ⅱ 安装界面

（3）出现如图 3.5 所示的对话框，填写用户名和公司名称，单击"Next"按钮。

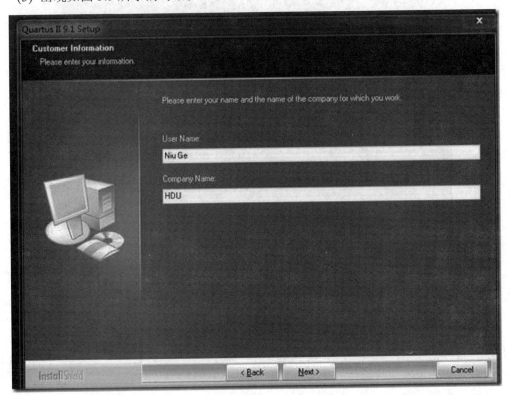

图 3.5　Quartus Ⅱ 安装界面

（4）要是 C 盘容量足够大，可以默认路径不改变。若改变盘符，要注意不能出现中文路径，地址不能出现空格。下面是改变的路径，D:\altera\91，如图 3.6 所示。

图 3.6   Quartus II 安装界面

(5) 单击"Next"按钮，出现如图 3.7 所示的对话框，选择"Complete"完全安装，单击"Next"按钮，直至软件安装完成。

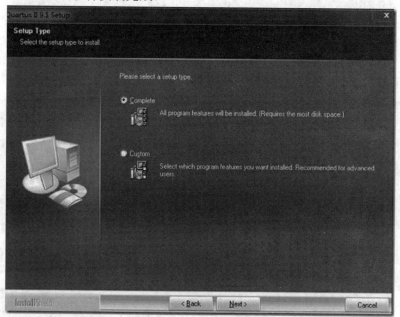

图 3.7   Quartus II 安装界面

3.2   Quartus II 原理图输入设计

原理图输入是一种最直接的输入方式。通过原理图输入方式，可使用系统提供的元件库和各种符号完成电路原理图，形成原理图输入文件。它多用在对系统电路很熟悉的情况或系统对时间要求较高的场合，且设计者要具有一定的硬件电路知识。其缺点是当系统功能复杂时，原理图输入方式效率低，同时原理图通用性差。在原理图编辑器中是以符号的方式将需要的逻辑器件引入，设计电路的信号输入引脚与信号输出引脚也需要以符号的方式引入。

3.2.1　应用基本元件库设计 1 位全加器

1. 新建项目工程

本小节使用 Quartus Ⅱ设计一个数字逻辑电路，并用时序波形图对电路的功能进行仿真，同时将设计正确的电路下载到可编程的逻辑器件(CPLD、FPGA)中。因软件在完成整个设计、编译、仿真和下载等这些工作过程中，会有很多相关的文件产生，为了便于管理这些设计文件，在设计电路之前，先要建立一个项目工程(New Project)，并设置好这个工程能正常工作的相关条件和环境。

建立工程的方法和步骤如下：

(1) 先建一个文件夹，用于保存工程项目中的文件。例如 d:\eda_module\f_adder。注意：文件夹的命名及其保存的路径中不能有中文字符。

(2) 建立新项目工程，如图 3.8 所示。点击"File"菜单，选择下拉列表中的"New Project Wizard..."命令，打开建立新项目工程的向导对话框。出现如图 3.9 所示的对话框，选择项目工程保存位置、定义项目工程名称以及设计文件顶层实体名称。方法如下：

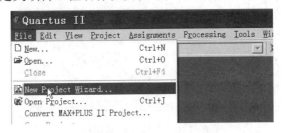

图 3.8　新建工程

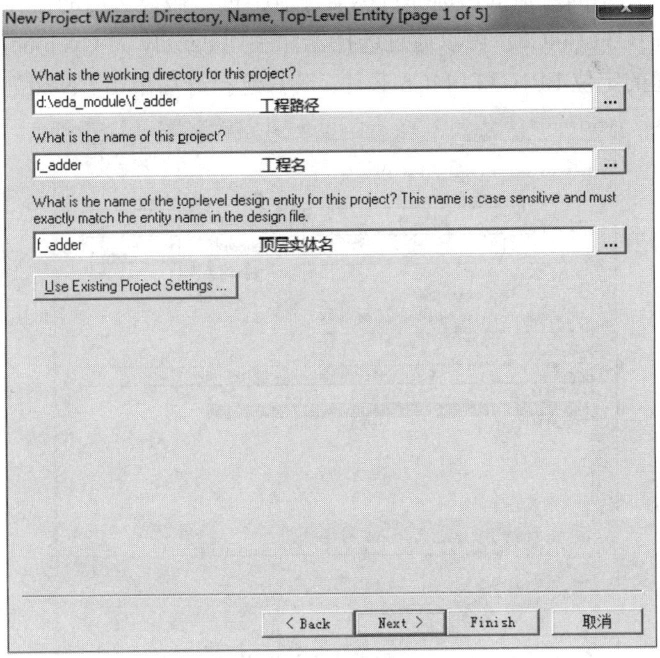

图 3.9　新建工程对话框

① 第一栏选择项目工程保存的位置，方法是点击 [...] 按钮，选择在第(1)步建立的文件夹。第二栏输入项目工程名称。第三栏顶层设计实体名称软件会默认与项目工程名称一致。没有特别需要，一般选择软件的默认，不必特意去修改。需要注意的是：以上名称的命名中不能出现中文字符，否则软件的后续工作会出错。完成以上命名工作后，点击"Next"按钮进入下一步。

② 如图 3.10 所示的对话框，选择添加工程文件。如果没有可添加的文件，则直接单击"Next"按钮进入下一步。

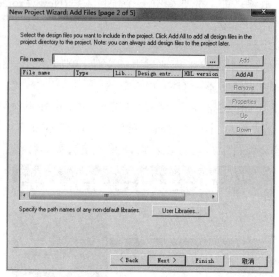

图 3.10　新建工程对话框

③ 如图 3.11 所示的对话框，选择目标器件对话框。假设选用的器件是 Altera 公司的 Cyclone 系列的 EP1C3T144C8。可以通过选择器件系列 Family 为 Cyclone，引脚数为 144，速度等级为 8 快速的定位 EP1C3T144C8 芯片。芯片选择好后单击"Next"按钮进入下一步。

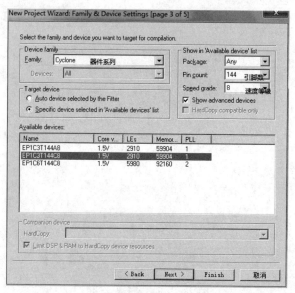

图 3.11　新建工程对话框

④ 如图 3.12 所示的对话框，第三方工具选择默认不做选择，单击"Next"按钮进入下一步。

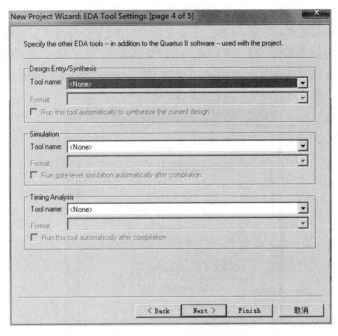

图 3.12　新建工程对话框

⑤ 如图 3.13 所示的对话框，给出了建立工程的概述，单击"Finish"按钮完成工程的建立。

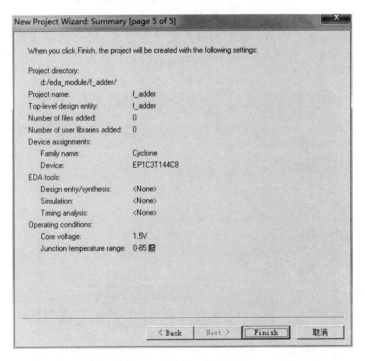

图 3.13　新建工程对话框

2. 编辑设计原理图文件

(1) 新建原理图文件。

执行"File→New"命令，弹出新建文件对话框如图 3.14 所示。Quartus Ⅱ支持多种设计输入法文件："AHDL File"是 AHDL 文本文件；"Block Diagram/Schematic File"是流程图和原理图文件，简称原理图文件；"EDIF File"是网表文件；"Verilog HDL File"是 Verilog HDL 文本文件；"VHDL File"是 VHDL 文本文件。选择"Block Diagram/Schematic File"，单击"OK"按钮即建立一个空的原理图文件。

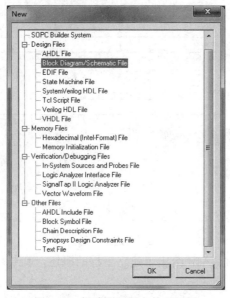

图 3.14　新建原理图文件对话框

执行"File→Save as"命令，把它另存为文件名是 f_adder 的原理图文件，文件后缀为 .bdf，如图 3.15 所示。将"Add file to current project"选项选中，使该文件添加到刚建立的工程中去。

图 3.15　保存原理图文件

(2) 编辑输入原理图文件。

Quartus Ⅱ软件的数字逻辑电路原理图的设计是基于常用的数字集成电路的，要熟练掌握原理图设计，必须要认识和熟悉各种逻辑电路的符号、逻辑名称和集成电路型号。本例设计一个全加器，输入 a、b 和低位进位 cin，输出和 sum 和进位 cout。其真值表如表 3.1 所示。逻辑表达式为 sum=a $\oplus$ b $\oplus$ cin ， cout=ab+acin+bcin 。

表 3.1　全加器真值表

输　入			输　出		输　入			输　出	
a	b	cin	sum	cout	a	b	cin	sum	cout
0	0	0	0	0	1	0	0	1	0
0	0	1	1	0	1	0	1	0	1
0	1	0	1	0	1	1	0	0	1
0	1	1	0	1	1	1	1	1	1

设计方法和步骤如下：

① 双击原理图的任一空白处，会弹出一个元件对话框，如图 3.16 所示，在 Name 栏目中输入 and2，就得到一个 2 输入的与门。

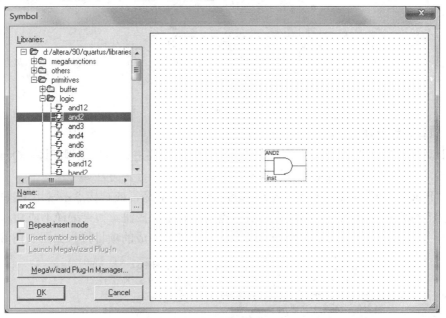

图 3.16　调用元器件对话框

② 点击"OK"按钮，将其放到原理图的适当位置。重复操作，放入另外两个 2 输入与门，也可以通过右键菜单的"Copy"命令复制，"Paste"粘贴得到。同理，双击原理图的空白处，打开元件对话框。分别在 Name 栏目中输入 OR3 调入三输入的或门，输入 XOR 调入二输入的异或门，点击"OK"按钮，将其放入原理图，摆放在合适的位置。把所用的元件都放好之后，开始连接电路。将鼠标指到元件的引脚上，鼠标会变成"+"字形状。按下左键，拖动鼠标，就会有导线引出。根据我们要实现的逻辑，连好各元件的引脚。

③ 双击原理图的空白处，打开元件对话框。在 Name 栏目中输入 INPUT，便可得到一个输入引脚。点击"OK"按钮，放入原理图。重复操作，给电路加上 3 个输入引脚。

④ 双击输入引脚，会弹出一个属性对话框。在这一对话框上可更改引脚的名字，分别给 3 个输入引脚取名为 a、b、cin。

⑤ 双击原理图的空白处，打开元件对话框。在 Name 栏目中输入 OUTPUT，得到一个输出引脚。点击"OK"按钮，放入原理图。重复操作，给电路加上两个输出引脚，给两个输出引脚分别命名为 sum 和 cout。

⑥ 把所用的元件都放好之后，开始连接电路。将鼠标指到元件的引脚上，鼠标会变成"+"字形状。按下左键，拖动鼠标，就会有导线引出。根据全加器要实现的逻辑，连好各元件和引脚。最后连接好的电路原理图如图 3.17 所示，单击保存完成原理图的输入。

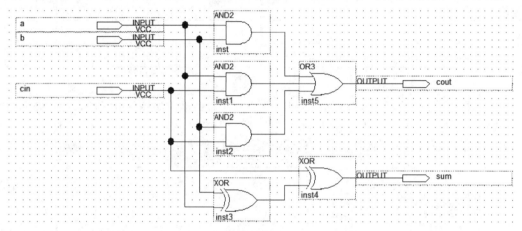

图 3.17 全加器电路原理图

3. 项目工程编译

设计好的电路需要检查设计的电路是否有错误，需要进行项目工程编译，Quartus Ⅱ 软件能自动对我们设计的电路进行编译和检查设计的正确性。方法如下：

在"Processing"菜单下点击"Start Compilation"命令，或直接点击常用工具栏 ▶ 按钮，开始整体编译设计项目。编译成功后，点击"确定"按钮。如果编译不成功，单击对应的第一条错误，软件会自动定位到错误的位置。最后生成的项目报告如图 3.18 所示。

```
Flow Status            Successful - Wed Nov 25 16:55:30 2015
Quartus II Version     9.0 Build 132 02/25/2009 SJ Full Version
Revision Name          f_adder
Top-level Entity Name   f_adder
Family                 Cyclone
Device                 EP1C3T144C8
Timing Models          Final
Met timing requirements Yes
Total logic elements   2 / 2,910（＜1 %）
Total pins             5 / 104（5 %）
Total virtual pins     0
Total memory bits      0 / 59,904（0 %）
Total PLLs             0 / 1（0 %）
```

图 3.18 全加器编译报告

4. 功能仿真

仿真是指利用 Quartus Ⅱ软件对设计的电路的逻辑功能进行验证，在电路的各输入端加上一组电平信号后，其输出端是否有正确的电平信号输出。在进行仿真之前，我们需要先建立一个输入信号波形文件。方法和步骤如下：

(1) 在"File"菜单下，点击"New"命令。在随后弹出的对话框中，选中"Vector Waveform File"选项，点击"OK"按钮，如图 3.19 所示。

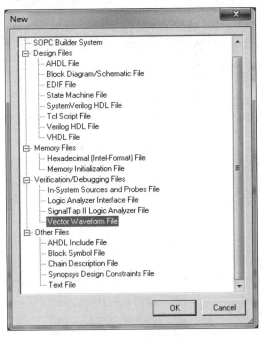

图 3.19　新建波形文件

(2) 在"Edit"菜单下点击"Insert Node or Bus…"命令，或在图 3.20 中 Name 列表栏下方的空白处双击鼠标左键，打开编辑输入、输出引脚对话框，如图 3.20 所示。

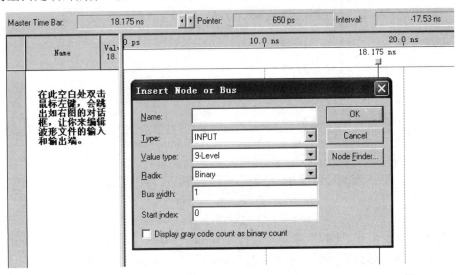

图 3.20　调入引脚对话框

(3) 在图 3.20 打开的对话框中点击"Node Finder…"按钮，打开"Node Finder"对话框。在如图 3.21 所示的对话框中，点击"List"按钮，列出电路所有的引脚；点击">>"按钮，导入所有引脚；点击"OK"按钮回到"Insert Node or Bus"对话框，再点击"OK"按钮即可确认。添加了引脚的波形编辑窗口如图 3.22 所示。

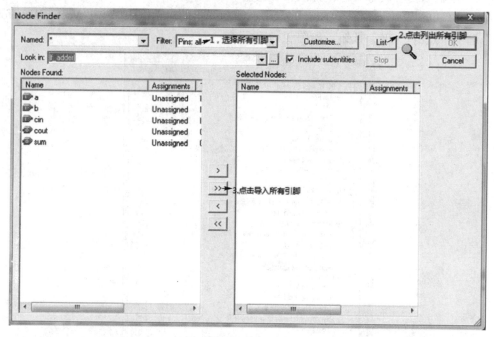

图 3.21　调入引脚

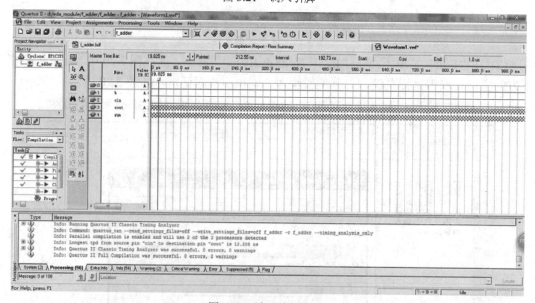

图 3.22　波形编辑窗口

(4) 选中 a 信号，在"Edit"菜单下选择"Value→Clock…"命令。或直接点击左侧工具栏上的 按钮。在随后弹出的对话框的"Period"栏目中设定参数为"50ns"，点击"OK"按钮，如图 3.23 所示。

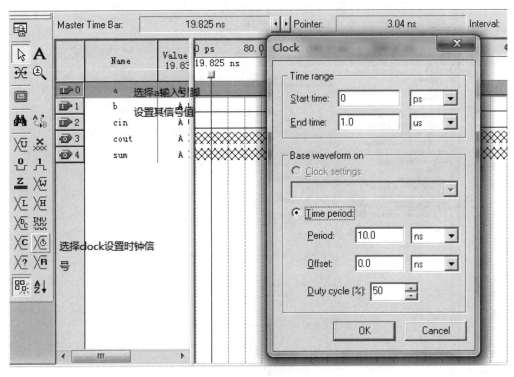

图 3.23　波形信号设置

(5) b、cin 也用同样的方法进行设置，Period 参数分别为 100 ns 和 200 ns。设置好的波形图如图 3.24 所示。输入信号也可以手动选中某一段，直接给 0、1 电平。

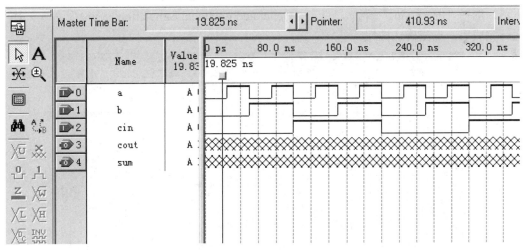

图 3.24　设置好的输入波形图

Quartus Ⅱ软件集成了电路仿真模块，电路有两种模式：时序仿真和功能仿真。时序仿真模式按芯片实际工作方式来模拟，考虑了元件工作时的延时情况；而功能仿真只是对设计的电路的逻辑功能是否正确进行模拟仿真。在验证我们设计的电路是否正确时，常选择"功能仿真"模式。

(6) 将软件的仿真模式修改为"功能仿真"模式，操作方法如图 3.25 所示。

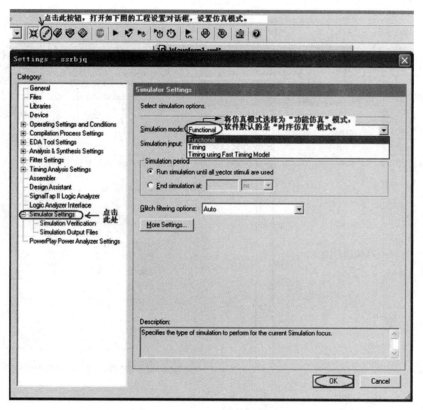

图 3.25 功能仿真设置对话框

(7) 选择好"功能仿真"模式后，需要生成一个"功能仿真的网表文件"，如图 3.26 所示。选择"Processing"菜单，点击"Generate Functional Simulation Netlist"命令。软件运行完成后，点击确认按钮。

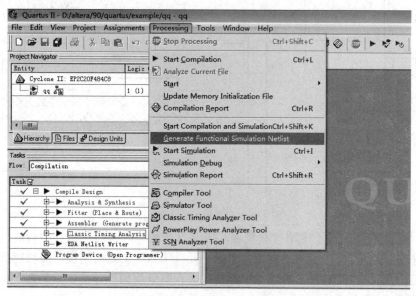

图 3.26 功能仿真的网表文件

(8) 开始功能仿真，在"Processing"菜单下选择"Start Simulation"启动仿真工具，或直接点击常用工具栏上的 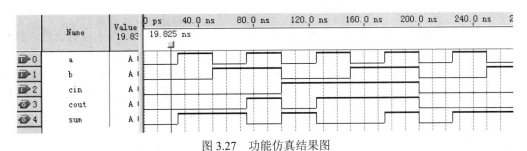 按钮。仿真结束后，点击确认按钮。如图 3.27 所示。观察仿真结果，对比输入与输出之间的逻辑关系是否符合电路的逻辑功能。

图 3.27　功能仿真结果图

5. 下载验证

设计文件下载到硬件芯片，以杭州康芯公司 GW48 EDA/SOPC 实验箱为例，FPGA 芯片为 EP1C3T144C8。由于不同的可编程逻辑器件的型号及其芯片的引脚编号是不一样的，因此在下载之前，先要对设计好的数字电路的 I/O 端根据芯片的引脚编号进行配置。

1) 检查项目工程支持的硬件型号

在开始引脚配置之前，先检查一下我们在开始建立项目工程时所指定的可编程逻辑器件的型号与实验板上的芯片型号是否一致。假如建立工程时选的器件不一致，要进行修改，否则无法下载到实验板的可编程逻辑器件中。修改的方法如下：

点击常用工具栏上的 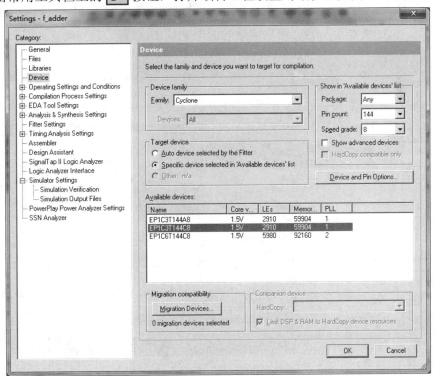 按钮，打开项目工程设置对话框，如图 3.28 所示。

图 3.28　更改器件对话框

如图 3.28 所示，选好芯片型号后，点击"OK"按钮即完成修改。修改完硬件型号后，最好重新对项目工程再编译一次，以方便后面配置引脚。编译的方法与上面所叙一样，简单来说，只要再点击一下常用工具栏上的 ▶ 按钮，编译完成后，点击"确定"按钮即可。

2) 给设计好的原理图配置芯片引脚

配置芯片引脚就是将原理图的 I/O 端指定到实验板上可编程芯片与外设相连的引脚编号上，将输入端指定到实验箱上可编程芯片与输入外设(时钟源，按键，开关等)相连的引脚编号上，将输出端指定到实验箱上可编程芯片与输出外设(LED 发光二极管，蜂鸣器等)相连的引脚编号上。不同公司开发的实验板结构不同，则采用的可编程芯片型号也会不同，因此芯片引脚与外部其他电子元件连接的规律是不一样的。实验箱有多种模式，这里选用模式 NO.6，模式结构图见附录 1。引脚对照表见附录 2。

这里选择键 3、键 4、键 5 作为三个输入，D1、D2 两个发光二极管作为输出。其对应关系如表 3.2 所示。

表 3.2　原理图引脚和芯片引脚对应表

原理图引脚	a	b	cin	sum	cout
对应外设	键 3	键 4	键 5	D1	D2
结构图引脚	PIO8	PIO9	PIO10	PIO16	PIO17
芯片引脚	11	32	33	39	40

依据表 3.2 的对应关系，绑定引脚，方法如下：

点击常用工具栏上的 🖉 按钮，或者选择菜单"Assignments→Pin Planner"打开芯片引脚设置对话框，如图 3.29 所示。双击 Location 列，在下拉列表里选择对应的引脚；也可以输入数字，例如直接输入 11，可以快速的选中 PIN_11 引脚。最终绑定的引脚如图 3.30 所示。

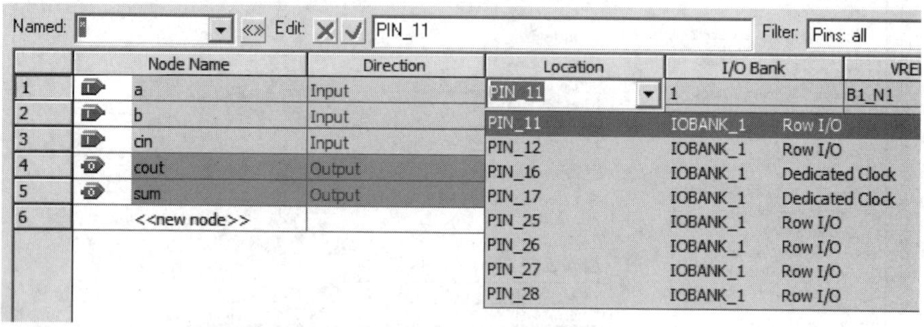

图 3.29　绑定引脚图

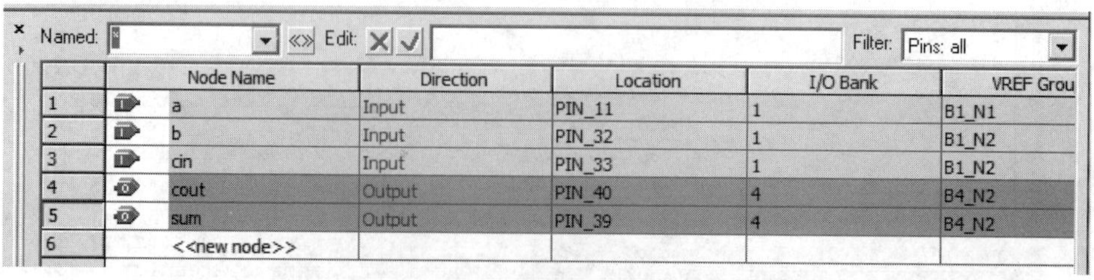

图 3.30　全加器绑定的引脚图

配置好引脚以后，再编译一次，得到的电路原理图如图 3.31 所示，显示相应的引脚信息。

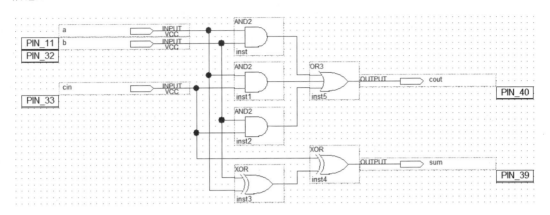

图 3.31　绑定引脚的电路原理图

3) 下载验证

完成以上工作之后，就可以进行下载验证。软件下载之前先将实验箱接通电源，并通过实验板的 JTAG 接口连接到计算机上。一般情况下，第一次连接 Altera USB-Blaster 下载器，计算机会自动搜索和安装 USB 下载器的驱动程序。等驱动安装完成后，点击 Quartus Ⅱ软件常用工具栏上的 🖐 按钮打开下载界面，按图 3.32 所示设置好相关内容后，点击"Start"按钮即可完成下载。

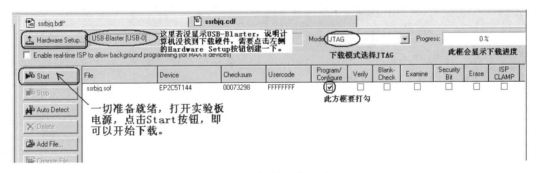

图 3.32　软件下载界面

到此我们的设计工作全部结束，接下来的工作是在实验板上验证和测试，如果发现设计有误，那就要重新修改设计文件，并重新下载。另外需要说明一下，通过 JTAG 模式下载的文件是不能保存到实验板上的，是因为实验箱断电后就不能再工作了。若要将设计文件永久保存在实验板上，则需要通过实验箱上的 AS 接口，以 Active Serial 模式将后缀名为 .pof 的文件下载并保存到可编程芯片中，这样实验箱断电后，设计文件是不会丢失的。

3.2.2　应用 MAX + plus Ⅱ老式宏函数设计分频器

MAX + plus Ⅱ老式宏函数是原理图库里定义了常用的 74 系列的数字逻辑芯片，通过调用这些芯片可以很方便地设计数字逻辑电路。本小节用一片 74160 十进制计数器和一片

7474D 触发器设计一个分频器电路。

1. 建立工程项目

本小节建立工程的方法与 3.2.1 节中建立工程的方法相似。新建一个存放工程项目的文件夹；新建工程，以 FenPin 为工程名，以 FenPin.bdf 为顶层实体文件名；选用相应的器件。

2. 建立原理图文件

1) 原理分析

十分频器电路的设计原理是：首先由 74160 构建一个模为 5 的计数器，通过进位置数的方式，有进位时，置数位有效，置数为 5，这样 74160 就会在 5-6-7-8-9 这 5 个数之间循环计数，计数为 9 的时候产生进位。7474D 触发器实现对 74160 进位信号的二分频。

2) 绘制原理图

依据十分频器电路的设计原理绘制的电路原理图如图 3.33 所示。

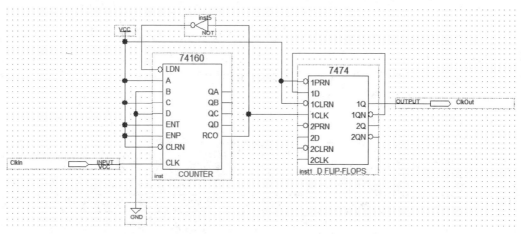

图 3.33　十分频电路原理图

3. 全程编译

对设计的电路原理图进行全程编译，如果有错误，查找修改相应的错误，直至编译成功。

4. 时序仿真

波形文件，导入 I/O 引脚，设置 ClkIn 引脚为周期为 50 ns 的 clock 信号，保存仿真，仿真的结果如图 3.34 所示。可以看出，ClkOut 实现了对输入信号 ClkIn 的十分频。

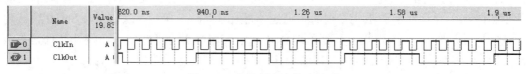

图 3.34　十分频电路仿真波形

3.2.3　应用宏功能模块设计十进制计数器译码显示

LPM 宏功能模块是参数可设置模块库(Library of Parameterized Modules)的英文缩写。

Altera 公司提供的可参数化宏功能模块和 LPM 函数均基于 Altera 器件的结构做了优化设计。宏功能模块定制管理器 Mega Wizard Plug-In Manager 可以帮助用户建立修改包含自定义宏功能模块变量的设计文件，而且可以在设计文件中对这些文件进行实例化。这些自定义宏功能模块变量基于 Altera 公司提供的宏功能模块，包括 LPM、MegaCore 和 AMPP 函数。宏功能模块定制管理器可以通过"Tloos→Mega Wizard Plug-In Manager"命令打开，或者在原理图设计文件的 Symbol 对话框中打开。Mega Wizard　Plug-In Manager 运行一个宏功能模块定制向导，用户可以轻松地为自定义宏功能模块变量指定选项。同时，该向导还可以为参数和可选端口设置数值。

本小节以十进制计数器译码显示电路为例介绍宏功能模块的应用。定制一个十进制计数器模块。

1. 十进制计数器的定制

操作步骤如下：

(1) 建立一个名为 counter 的工程，在工程中新建一个名为 counter.bdf 的原理图文件。

双击原理图编辑窗口，在弹出的元件选择窗口中，单击"Mega Wizard Plug-In Manage"按钮，弹出宏功能模块定制管理器，如图 3.35 所示。选择"Create a new custom megafunction variation"单选按钮(如果要修改一个已编辑的 LPM 模块，则选择"Edit an existing custom megafunction variation"单选按钮)，即定制一个新的模块。

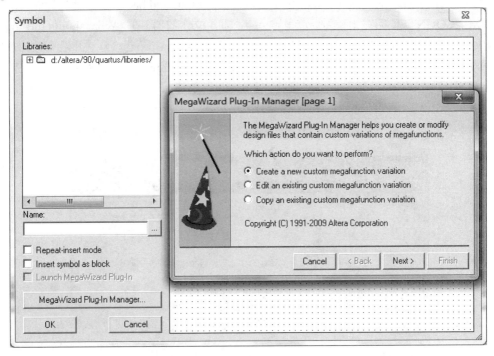

图 3.35　定制新的宏功能模块

(2) 单击"Next"按钮后，打开如图 3.36 所示的对话框，在左栏选择 Arithmetic 项下的 LPM__COUNTER 后，再选择 Cyclone 器件和 VHDL 语言方式；最后输入定制模块的文件名。

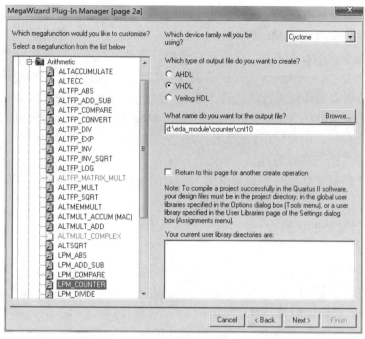

图 3.36 LPM 宏功能块设定

在如图 3.37 所示的 "How wide should the 'q' output bud be？"下拉列表框中输入定制 LPM__COUNTER 的输出位数，这里输入 4，即 4 位计数器。在 "What should the counter direction be？"选项组中可以选择计数器时钟的有效边沿：Up only 为上升沿有效；Down only 为下降沿有效；Create an 'updown' input port to allow me to do both 为创建一个 updown 端口，为双边沿有效；这里选择 "Up only"单选按钮。

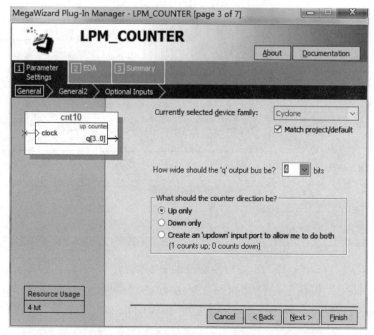

图 3.37 定制 LPM__COUNTER 元件对话框(1)

在图 3.37 中单击"Next"按钮，弹出如图 3.38 所示的定制 LPM__COUNTER 元件对话框。在此对话框中，可以选择计数器的类型 Plain binary(二进制)或 Modulus(任意进制)；同时在"Do you want any optional additional ports ?"中为定制的 LPM__COUNTER 选择增加一些 I/O 端口，如 Clock Enable(时钟使能)、Carry-in(进位输入)、Count Enable(计数器使能)和 Carry-out(进位输出)。在此处选择计数器为 Modules，模为 10；添加 Carry-out 端口。

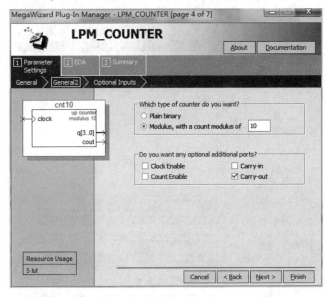

图 3.38　定制 LPM__COUNTER 元件对话框(2)

在图 3.38 中单击"Next"按钮，弹出如图 3.39 所示的定制 LPM__COUNTER 元件对话框。在此对话框中，为计数器添加同步或者异步输入控制端口，如 Clear(清除)、Load(加载)和 Set(置位)。此处添加一个异步清零端口 Clear。

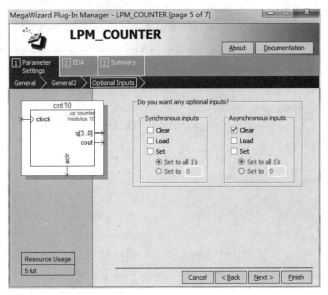

图 3.39　定制 LPM__COUNTER 元件对话框(3)

在图 3.39 中单击"Next"按钮，弹出如图 3.40 所示的对话框。在此对话框中，给出了

LPM_COUNTER 元件的仿真库的基本信息。单击"Next"按钮，即打开定制 LPM_COUNTER 元件参数设置的最后一个界面。该对话框可以为计数器选择输出文件，如 VHDL 文本文件 counter.vhd、VHDL 元件声明文件 counter.cmp 和图形符号文件 counter.bsf 等，如图 3.41 所示。

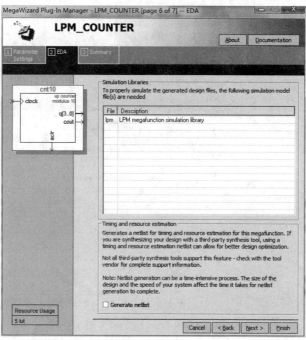

图 3.40　LPM_COUNTER 元件的仿真库的基本信息

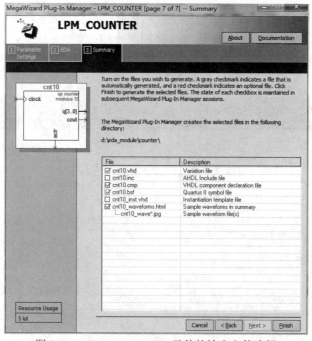

图 3.41　LPM_COUNTER 元件的输出文件选择

在图 3.41 所示的对话框中单击"Finish"按钮，即可结束 LPM_COUNTER 元件的定制。此时，原理图编辑窗口中出现了刚才定制的计数器图形，则将此计数器放在合适的位置，并添加译码显示电路和 I/O 端口，如图 3.42 所示。要注意总线的命名方式(q[3..0])和总线的分支命名方式(q[0]，q[1]，q[2]，q[3])。

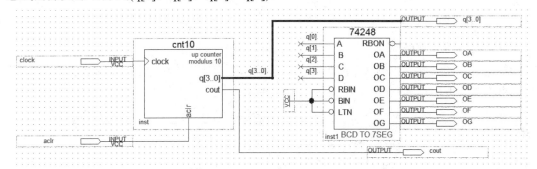

图 3.42　参数化十进制法计数器译码显示原理图

存盘、编译、时序仿真，仿真波形如图 3.43 所示。

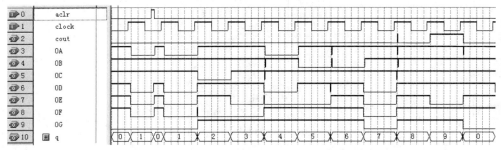

图 3.43　十进制法计数器译码显示波形仿真图

3.2.4　应用层次化设计法设计 4 位二进制加法器

层次电路的设计分为自上而下和自下而上两种方法，二者各有特点。Quartus II 软件对这两种方法均支持。下面以一个 4 位二进制加法器为例，介绍如何运用 Quartus II 软件进行自下而上的层次电路设计。

两个 4 位二进制数相加运算如下：

$$
\begin{array}{cccc}
a3 & a2 & a1 & a0 \\
+ \quad b3 & b2 & b1 & b0 \\
\hline
co \quad s3 & s2 & s1 & s0
\end{array}
$$

其中：

$$s0 = a0 + b0$$

$$s1 = a1 + b1 + 进位 co0$$

$$s2 = a2 + b2 + 进位 co1$$

$$s3 = a3 + b3 + 进位 co2$$

$$co = 进位 co3$$

根据以上分析，4 位二进制加法器可分解为 4 个全加器按一定方式连接而成。

1. 创建工程

任何一个设计都是一个工程，新建工程文件夹 E:\eda_module\add4，创建工程 add4。

2. 新建原理图文件

1) 底层文件全加器设计

新建原理图文件，依据 3.2.1 节全加器的设计，绘制原理图文件，如图 3.44 所示，保存存盘为 fadd.bdf。

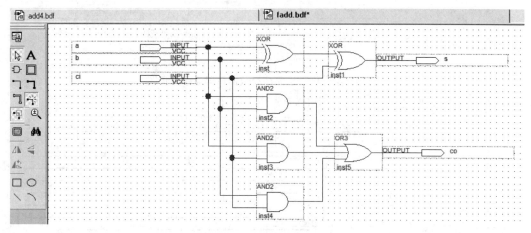

图 3.44　全加器原理图文件

2) 顶层文件 4 位加法器设计

在底层文件全加器界面下，选择"File→Create/Update→Create Symbol Files for Current File，如图 3.45 所示。将当前的全加器打包成符号文件 fadd.bsf，作为顶层加法器的元件使用。

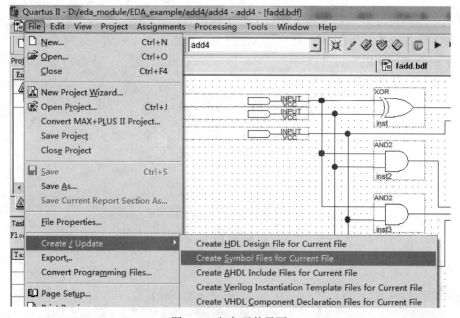

图 3.45　打包元件界面

依据 4 位加法器的加法运算原理，用全加器绘制的 4 位加法器电路原理图如图 3.46 所示。注意可以通过给导线命相同的名字的方式，使未连接的导线具有电气连接特性。

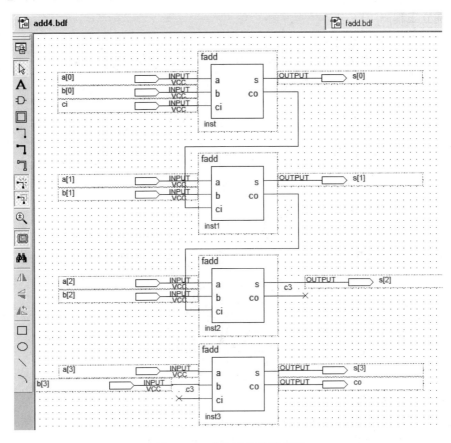

图 3.46　4 位加法器的原理图

存盘、编译、时序仿真，仿真波形如图 3.47 所示。

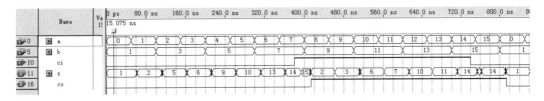

图 3.47　4 位二进制加法器时序仿真图

3.3　Quartus Ⅱ文本编辑输入设计

采用 VHDL 的文本编辑输入方法是 EDA 的重要特色，Quartus Ⅱ 软件的文本输入法与图形编辑输入法的设计步骤基本相同，此处将不再对项目工程建立、工程综合、工程仿真、下载等过程做详细的讲解，而是只给出相应过程的结果文件，供大家参考。本节主要讲解如何建立文本编辑文件。

3.3.1　二选一数据选择器的文本输入设计

1. 建立工程

输入工程保存路径、工程名和顶层实体名，如图 3.48 所示。

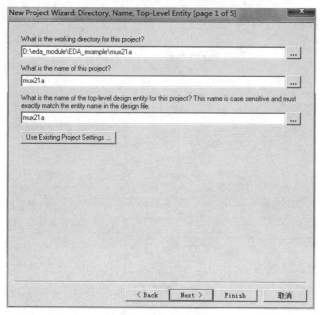

图 3.48　建立工程

2. 建立文本编辑文件

创建 VHDL 文件。选择"File→New"命令，弹出新建对话框，如图 3.49 所示。选择 VHDL File 选项后成功建立文件，生成文本编辑界面，如图 3.50 所示。

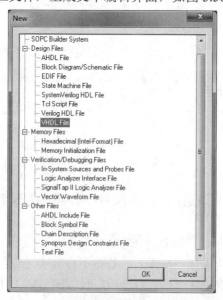

图 3.49　新建 VHDL 文件

(1) 在如图 3.50 所示的文本编辑界面中输入二选一数据选择器的 VHDL 源代码。

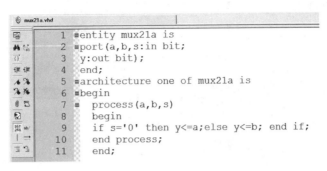

```
1   entity mux21a is
2   port(a,b,s:in bit;
3     y:out bit);
4   end;
5   architecture one of mux21a is
6   begin
7     process(a,b,s)
8     begin
9     if s='0' then y<=a;else y<=b; end if;
10    end process;
11    end;
```

图 3.50　文本编辑器界面

(2) 保存文件，单击保存按钮将文件保存，此处保存文件名为 mux21a.vhd。

注意：

① 设计文件不能直接保存在某个存储盘的根目录下，必须保存在某个文件夹中，且该文件夹的名称为 VHDL 合法的标识符，如不能有中文信息、空格等。

② 文件名必须与实体名一致，顶层文件名与工程名一致，扩展名为.vhd。

3. 综合与仿真

同原理图综合与仿真的步骤一致，单击"Start Compilation"按钮开始全程编译，如果有错误，双击第一条错误，就会定位到程序的错误处；仔细修改，再编译，直至编译成功。

新建波形文件，进行时序仿真，仿真波形如图 3.51 所示。

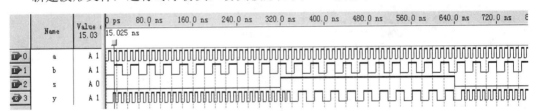

图 3.51　二选一数据选择器时序仿真图

4. 生成符号文件和 RTL 阅读器

(1) 生成符号文件。在 mux21a.vhd 文件页面下，选择"File→Create/Update→Create Symbol Files for Current File"命令生成符号文件，结果如图 3.52 所示。

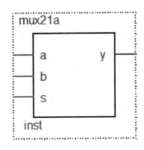

图 3.52　二选一数据选择器符号元件

(2) RTL 阅读器。对已经编译的工程，选择"Tools→Netlist Viewers→RTL Viewer"命令，就可以打开 RTL 阅读器，结果如图 3.53 所示。

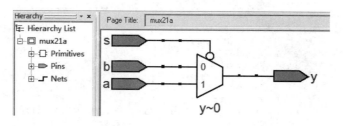

图 3.53   二选一数据选择器 RTL 电路图

3.3.2   8 线-3 线编码器的文本输入设计

8 线-3 线编码器是典型的组合逻辑电路，本小节以 8 线-3 线编码器为例，介绍在 Quartus Ⅱ软件中 VHDL 文本的输入设计。

1. 建立工程

新建 VHDL 文本文件的过程和 3.3.1 节相似，输入的 8 线-3 线编码器 VHDL 程序如图 3.54 所示。

```
1    LIBRARY IEEE;
2    USE IEEE.STD_LOGIC_1164.ALL;
3    ENTITY coder8_3 IS
4    PORT (I : IN STD_LOGIC_VECTOR( 7 DOWNTO 0 );
5    Y : OUT STD_LOGIC_VECTOR( 2 DOWNTO 0 ) );
6    END ;
7    ARCHITECTURE ci OF coder8_3 IS
8    BEGIN
9    Y<="000" WHEN (I(0)='1') ELSE
10       "001" WHEN (I(1)='1') ELSE
11       "010" WHEN (I(2)='1') ELSE
12       "011" WHEN (I(3)='1') ELSE
13       "100" WHEN (I(4)='1') ELSE
14       "101" WHEN (I(5)='1') ELSE
15       "110" WHEN (I(6)='1') ELSE
16       "111" WHEN (I(7)='1') else
17    null;
18    END ARCHITECTURE ci ;
```

图 3.54   8 线-3 线编码器的文本输入界面

2. 综合与仿真

8 线-3 线编码器的波形仿真如图 3.55 所示。

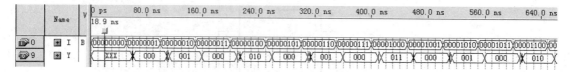

图 3.55   8 线-3 线编码器的波形仿真图

3. RTL 级电路图

RTL 级综合的结果如图 3.56 所示。

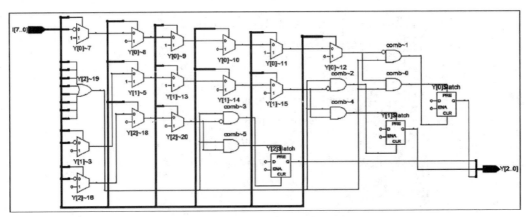

图 3.56　8 线-3 线编码器 RTL 电路图

3.3.3　D 触发器的文本输入设计

D 触发器是最基本也是最典型的时序逻辑器件，本小节以 D 触发器为例介绍在 Quartus Ⅱ 软件中设计的全流程。

1. 建立工程

输入工程保存路径、工程名和顶层实体名，如图 3.57 所示。

图 3.57　建立工程

2. 建立文本编辑文件

在如图 3.58 所示文本编辑界面中输入 D 触发器的 VHDL 程序。(注意：D 触发器实体名不要命名成 dff，因为 dff 已经是库里面的名称)。

```
dff1.vhd                                    Compilation Report - Flow Summary
 1    library ieee;
 2    use ieee.std_logic_1164.all;
 3    entity dff1 is
 4    port(d,clk:in std_logic;q: out std_logic);
 5    end;
 6    architecture bhv of dff1 is
 7    signal q1:std_logic;
 8    begin
 9      process(d,clk)
10      begin
11        if clk'event and clk='1' then
12        q1<=d;
13        end if;
14      end process;
15      q<=q1;
16    end;
```

图 3.58   D 触发器文本编辑界面

3. 综合与仿真

D 触发器的波形仿真界面如图 3.59 所示。

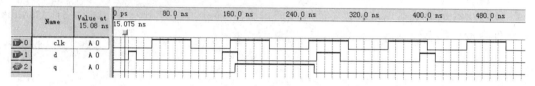

图 3.59   D 触发器的波形仿真图

4. RTL 级电路图

D 触发器 RTL 级综合的结果如图 3.60 所示。

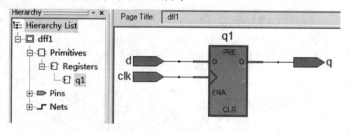

图 3.60   D 触发器 RTL 级电路图

本 章 小 结

随着 EDA 技术的发展，世界各大集成电路生产商和软件公司相继推出了各种版本的 EDA 开发工具，这些工具软件各具特点，使用方法都不相同。

Altera 公司的 Quartus Ⅱ可编程逻辑软件属于第四代 PLD 开发平台。支持原理图、VHDL、VerilogHDL 以及 AHDL 等多种设计输入形式，内嵌自有的综合器以及仿真器，可以完成从设计输入、编译、综合、布局、布线、时序分析、仿真到硬件配置的完整 PLD 设计流程。

本章详细介绍了基于 Quartus Ⅱ软件的逻辑电路设计流程，包括工程建立、设计输入、综合适配、时序仿真、引脚绑定、下载验证。原理图输入法适合于初学者从数字电路过渡到 EDA 技术的学习。VHDL 文本输入法适合构建各个层次的逻辑电路，小到门电路，大到复杂的逻辑系统。

习　　题

一、选择题

1. 下面哪一种对利用原理图输入设计方法进行数字电路系统设计的说法是正确的(　　)。

A. 原理图输入设计方法直观便捷，很适合完成较大规模的电路系统设计

B. 原理图输入设计方法一般是一种自底向上的设计方法

C. 原理图输入设计方法无法对电路进行功能描述

D. 原理图输入设计方法不适合进行层次化设计

2. 基于 EDA 软件的 FPGA/CPLD 设计流程为：原理图/HDL 文本输入→(　　)→综合→适配→(　　)→编程下载→硬件测试。

A. 功能仿真　　　　　　　　B. 时序仿真

C. 逻辑综合　　　　　　　　D. 配置

二、填空题

1. 在 Quartus Ⅱ 创建工程要设定有关内容，如(　　)、(　　)、(　　)等。

2. 在 Quartus Ⅱ 中进行波形仿真需进行如下步骤：打开(　　)、输入(　　)、编辑(　　)、仿真器参数设置和观察(　　)。

3. 原理图设计应(　　)，然后创建(　　)，对设计进行(　　)，之后进行(　　)。

三、设计题

1. 用原理图输入法设计 1 位半减器，由半减器构成全减器，再由 4 个全减器构成 4 位减法器。

2. 用 LPM 定制一个三八译码器，仿真其功能。

3. 用 LPM 定制一个 8 位深度为 512 的 FIFO，仿真其功能。

4. 用 LPM 定制一个 8 × 1K 的 ROM，仿真其功能。

实 训 项 目

✦✦✦✦✦✦　实训一　原理图输入法设计 1 位数值比较器　✦✦✦✦✦✦

一、实训目的

(1) 学会 Quartus Ⅱ 的使用。

(2) 熟悉基于 FPGA 的 EDA 设计流程。

(3) 学会对设计进行综合、仿真和设计下载。

二、实训步骤

(1) 在 Quartus Ⅱ 软件环境下，建立一个项目。

(2) 建立原理图文件(bijiaoqi.bdf)。

(3) 选定目标器件，配置引脚，对设计进行综合。

(4) 建立波形文件对设计进行仿真(时序仿真和功能仿真)。

(5) 将设计结果下载到目标器件，进行硬件验证。

三、实训内容

1. 建立工程项目

运行 Quartus Ⅱ 软件，执行"File→New Project Wizard..."命令，建立工程。

2. 建立原理图文件

执行"File→New…"命令。选择"Block Diagraln/schematic File"，单击"OK"按钮即可建立一个空的原理图文件。

3. 编译设计图形文件

完成原理图编辑输入后，保存设计图形文件，就可编译设计图形文件。执行"Processing→Start Compilation"命令，进行编译。

4. 时序仿真设计文件

(1) 新建用于仿真的波形文件。

执行"File→New…"命令，选择"Other Files"标签中的 Vector Waveform File(波形文件)，然后单击"OK"按钮确定。

出现波形文件编辑器，在 Name 空白处单击鼠标右键，选择"Insert Node or Bus…"命令。在出现的对话框中单击"Node Finder…"按钮。在出现的 Node Finder 对话框中单击"List"按钮。Nodes Found 栏出现列表，在列表中选中需要的 I/O 引脚，然后单击选中按钮。

(2) 执行"Edit → End Time…"命令，设置时间单位为 100 ns。

(3) 设置输入信号波形。

单击工具箱中缩放工具按钮，将鼠标移到编辑区内，单击鼠标左键，调整波形区横向比例；单击工具箱中的选择工具按钮，然后在设置波形的区域上单击鼠标左键并拖动鼠标选择要选定的区域，设置为"1"或"0"。

(4) 进行功能仿真。

设置输入信号后，保存文件，文件名为默认。执行"Processing→start simulation"命令，进行仿真。

5. 引脚的锁定

选择菜单"Assignments→Pins"命令，在弹出的 Assignment Editor 对话框中的 Category 栏内选中 Pin 项，取消选中的"Show assignments for specific nodes"复选框。

双击对话框左下方的 To 栏中的"new"，在出现的下拉列表中分别选择本工程要锁定的端口信号名。

然后双击对应的 Location 栏中的"new"，在出现的下拉列表中选择对应端口信号名的器件引脚。

最后单击保存按钮，保存引脚锁定信息，再编译一次，把引脚锁定信息编译进编译下载文件中，就可以准备将编译好的 SOF 文件或者 POF 文件下载到 FPGA 器件或者 EPCS 器件中。

6. 编程下载设计文件

(1) 硬件连接。

首先用 ByteBlasterMV 或 ByteBlaster Ⅱ下载电缆把开发板或实训箱与 Quartus Ⅱ所安装的计算机并口通信线连接好，打开电源，具体方法要参考开发板或实训箱的有关资料。

(2) 设置编程器(若是初次安装时)。

若是初次安装 Quartus Ⅱ，编程窗口内右上侧一栏会出现 No Hardware 字样，则必须加入下载方式。单击"Hardware setup…"按钮，弹出 Hardware setup 对话框，单击 Hardware Settings 标签，再单击此页中的"Add Hardware"按钮。

在弹出的 Add Hardware 对话框栏 Hardware type 中选择 ByteBlasterMV or ByteBlaster Ⅱ后，单击"OK"按钮。

(3) 打开编程窗口、选择编程模式和配置文件。

选择菜单"Tool→Programmer"命令，弹出编程窗口。在 Mode 栏中选择 JTAG 模式。核对下载文件路径和文件名。若没有错，单击左侧 Add File 按钮，手动选择所要下载的文件。选中下载文件右侧的第一个编程项目复选框。

(4) 配置下载。

最后单击"Start"按钮，进行对目标 FPGA 器件配置下载。

四、实训报告要求

(1) 简述 Quartus Ⅱ的设计流程。

(2) 记录设计原理图。

(3) 记录综合结果和仿真结果。

(4) 分析结果。

五、实训总结

这一部分是实训结束后的总结工作，可以总结个人的实训思路、方法；也可以对实训题目的难易程度、合适程度进行总结，提出建议和意见。希望论述得清楚、合理。

✦✦✦✦✦✦　实训二　原理图输入法设计三人表决器　✦✦✦✦✦✦

一、实训目的

(1) 掌握输入编辑原理图文件的方法。

(2) 掌握编译原理图文件的方法。

(3) 掌握仿真原理图文件的方法。

(4) 理解 Quartus Ⅱ器件编程的方法。

二、实训仪器

(1) EDA 技术实训开发系统实训箱一台。

(2) PC 一台。

三、实训内容

下面是三人表决电路的真值表(见表 3.3)及表达式。应用原理图输入法设计一个三人表决电路并通过编译仿真，最后将设计文件下载到实际的可编程器件 FPGA 中验证其正确性。

表 3.3 三人表决器真值表

输　　入			输　　出
a	b	c	y
0	0	0	0
0	0	1	0
0	1	0	0
0	1	1	1
1	0	0	0
1	0	1	1
1	1	0	1
1	1	1	1

y = NOT[NOT(a AND b)　AND　NOT(a AND c)　AND　NOT(b AND c)]

四、实训步骤

1. 设计输入原理图文件

(1) 建立三人表决电路工程项目。

(2) 建立三人表决电路原理图文件。

(3) 编辑三人表决电路设计图形文件。

2. 编译仿真原理图文件

(1) 编译三人表决电路设计图形文件。

如果有错误，检查纠正错误，直至最后通过。

(2) 仿真三人表决电路设计图形文件。

认真核对 I/O 波形，检查设计的功能正确与否。

3. 编程下载与硬件调试

此部分的具体步骤应参考所用的开发板或实训箱的有关资料。

(1) 器件设置和引脚的锁定。

(2) 编程下载设计文件。

(3) 设计电路硬件调试。

五、实训报告

请根据实训所得结果在实训报告纸上撰写实训报告。

六、实训报告要求

将自己完成设计的过程分为几步，简单说明每一步的作用或结果。

七、实训总结

这一部分是实训结束后的总结工作，可以总结个人的实训思路、方法，也可以对实训题目的难易程度、合适程度进行总结，提出建议、意见。希望论述得清楚、合理。

✦✦✦✦✦✦　**实训三　原理图输入法中 MAX + plus Ⅱ 老式宏函数的应用**　✦✦✦✦✦✦

一、实训目的

(1) 掌握原理图输入法中 MAX + plus Ⅱ 老式宏函数的应用方法。

(2) 进一步巩固原理图输入法。

二、实训仪器

(1) EDA 技术实训开发系统实训箱一台。

(2) PC 一台。

三、实训内容

如图 3.61 所示的电路原理图,用两块 74151 实现一个三人表决器。用原理图输入法设计此电路并通过编译仿真。

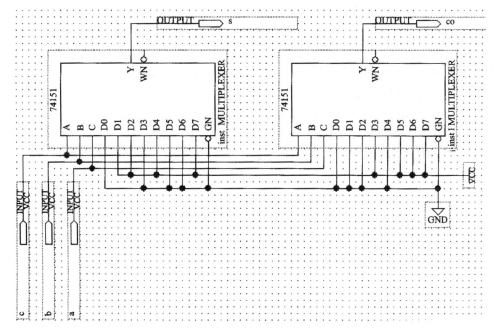

图 3.61　电路原理图

四、实训步骤

1. 输入编辑原理图文件

(1) 建立工程项目,以 fadd 为工程文件夹,以 fadd.bdf 为顶层实体文件名。

(2) 根据图 3.61 建立原理图文件 fadd.bdf。

(3) 编辑原理图文件 fadd.bdf。

2. 编译仿真原理图文件

(1) 编译原理图文件 fadd.bdf。

若编译不过关,先双击第一个错误提示,可使鼠标出现在第一个错误处附近,检查纠正第一个错误后保存再编译,如果还有错误,重复以上操作,直至最后通过。

(2) 仿真原理图文件 fadd.bdf。

认真核对 I/O 波形，检查设计的电路功能正确与否。

五、实训报告

请根据实训所得结果在实训报告纸上撰写实训报告。

✦✦✦✦✦✦   实训四   用 Quartus Ⅱ 设计正弦信号发生器   ✦✦✦✦✦✦

一、实训目的

进一步熟悉 Quartus Ⅱ 及其 LPM_ROM 与 FPGA 硬件资源的使用方法。

二、实训仪器

(1) EDA 技术实训开发系统实训箱一台。

(2) PC 一台。

(3) 40 MHz 双踪数字示波器一台。

三、实训内容

首先在 Quartus Ⅱ 上完成正弦信号发生器设计，包括仿真和资源利用情况了解(假设利用 Cyclone 器件)；然后在实训系统上实测，包括 SignalTap Ⅱ 测试、FPGA 中 ROM 的在系统数据读写测试和利用示波器测试；最后完成 EPCS1 配置器件的编程。

正弦信号发生器顶层设计代码如下：

```
LIBRARY IEEE; --正弦信号发生器源文件
USE IEEE.STD_LOGIC_1164.ALL;
USE IEEE.STD_LOGIC_UNSIGNED.ALL;
ENTITY SINGT IS
    PORT (   CLK: IN STD_LOGIC;                      --信号源时钟
                DOUT: OUT STD_LOGIC_VECTOR (7 DOWNTO 0) );    --8 位波形数据输出
END;
ARCHITECTURE DACC OF SINGT IS
COMPONENT data_rom        --调用波形数据存储器 LPM_ROM 文件：data_rom.vhd 声明
    PORT(address: IN STD_LOGIC_VECTOR (5 DOWNTO 0);     --6 位地址信号
        inclock: IN STD_LOGIC ;                          --地址锁存时钟
            q: OUT STD_LOGIC_VECTOR (7 DOWNTO 0));
END COMPONENT;
    SIGNAL Q1 : STD_LOGIC_VECTOR (5 DOWNTO 0);     --设定内部节点作为地址计数器
    BEGIN
PROCESS(CLK )                                   --LPM_ROM 地址发生器进程
    BEGIN
IF CLK'EVENT AND CLK = '1' THEN    Q1 <= Q1+1;       --Q1 作为地址发生器计数器
END IF;
END PROCESS;
u1 : data_rom PORT MAP(address => Q1, q =>   DOUT, inclock =>   CLK);    --例化
END;
```

信号输出的 D/A 使用实训系统上的 DAC0832。注意其转换速率是 1 μs，其引脚功能简述如下：

(1) ILE：数据锁存允许信号，高电平有效，系统板上已直接连在 +5 V 上。

(2) WR1、WR2：写信号 1、2，低电平有效。

(3) XFER：数据传送控制信号，低电平有效。

(4) VREF：基准电压，可正可负，−10 V～+10 V。

(5) RFB：反馈电阻端。

(6) IOUT1/IOUT2：电流输出端。D/A 转换量是以电流形式输出的，所以必须将电流信号变为电压信号。

(7) AGND/DGND：模拟地与数字地。在高速情况下，此二地的连接线必须尽可能短，且系统的单点接地点需接在此连线的某一点上。

建议选择 GW48 系统的电路模式 NO.5，由附录一中附图 7 对应的电路图可见，DAC0832 的 8 位数据口 D[7~0]分别与 FPGA 的 PIO31、30、……、24 相连，如果目标器件是 EP1CQ240，则对应的引脚是：21、41、128、132、133、134、135、136；时钟 CLK 接系统的 clock0，对应的引脚是 28，选择的时钟频率不能太高(转换速率 1 μs)。还应该注意，DAC0832 电路需接有 +/−12 V 电压(GW48 系统的 +/−12 V 电源开关在系统左侧上方)；然后下载 SINGT.sof 到 FPGA 中，波形输出在系统左下角，将示波器的地与 GW48 系统的地(GND)相接，信号端与"AOUT"信号输出端相接。如果希望对输出信号进行滤波，只需将 GW48 系统左下角的拨码开关的"8"向下拨，则波形滤波输出；向上拨，则波形未滤波输出；这可从输出的波形看出。

四、实训步骤

1. 实训步骤 1

(1) 创建工程和编辑设计文件。

正弦信号发生器的结构由三部分组成(见图 3.62)：数据计数器或地址发生器、数据 ROM 和 D/A。性能良好的正弦信号发生器的设计要求这三部分具有高速性能，且数据 ROM 在高速条件下，占用最少的逻辑资源，设计流程最便捷，波形数据获得最方便。如图 3.62 所示的此信号发生器结构图中，顶层文件 SINGT.VHD 在 FPGA 中实现，包含两个部分：由 5 位计数器担任的 ROM 的地址信号发生器和正弦数据 ROM。据此，ROM 由 LPM_ROM 模块构成能达到最优设计，LPM_ROM 底层是 FPGA 中的 EAB 或 ESB 等。地址发生器的时钟 CLK 的输入频率 f0 与每周期的波形数据点数(在此选择 64 点)，以及 D/A 输出的频率 f 的关系是：f = f0/64。

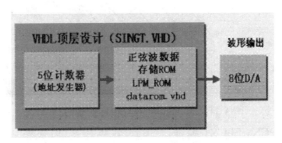

图 3.62　正弦信号发生器结构图

(2) 创建工程。

(3) 编译前设置。

在对工程进行编译处理前，必须做好必要的设置。具体步骤如下：

① 选择目标芯片；

② 选择目标器件编程配置方式；

③ 选择输出配置。

(4) 编译及了解编译结果。

(5) 正弦信号数据 ROM 定制(包括设计 ROM 初始化数据文件)。

另两种方法要快捷的多，可分别用 C 程序生成同样格式的初始化文件和使用 DSP Builder/MATLAB 来生成。

(6) 仿真，仿真结果如图 3.63 所示。

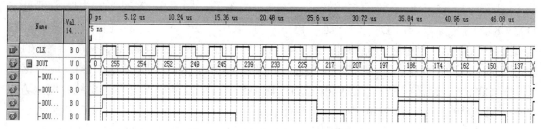

图 3.63 正弦信号发生器仿真图

(7) 引脚锁定、下载和硬件测试。

(8) 使用嵌入式逻辑分析仪进行实时测试，测试的实时信号如图 3.64 所示。

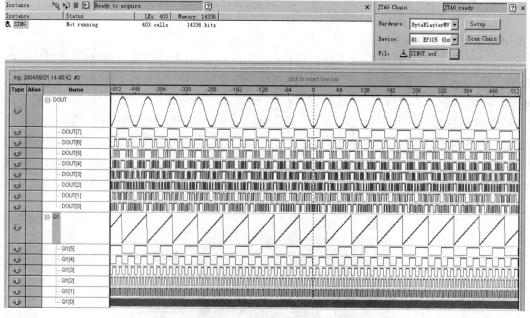

图 3.64 SignalTap II 数据窗的实时信号

(9) 对配置器件 EPCS4/EPCS1 编程。

(10) 了解此工程的 RTL 电路图(见图 3.65)。

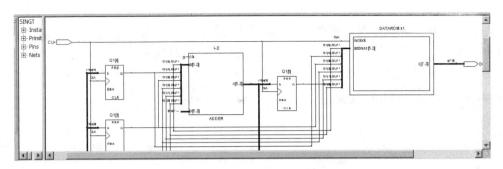

图 3.65　工程 SINGT 的 RTL 电路图

2. 实训步骤 2

修改数据 ROM 文件，设其数据线宽度为 8，地址线宽度也为 8，初始化数据文件使用 MIF 格式，用 C 程序产生正弦信号数据，最后完成以上相同的实训。

3. 实训步骤 3

设计一任意波形信号发生器，可以使用 LPM 双口 RAM 担任波形数据存储器，利用单片机产生所需要的波形数据，然后输向 FPGA 中的 RAM(可以利用 GW48 系统上与 FPGA 接口的单片机完成此实训，D/A 可利用系统上配置的 0832 或 5651 高速器件)。

五、实训报告

根据以上的实训内容写出实训报告，包括设计原理、程序设计、程序分析、仿真分析、硬件测试和详细实训过程。

✦✦✦✦✦✦　**实训五　在 Quartus Ⅱ中用原理图输入法设计 8 位全加器**　✦✦✦✦✦✦

一、实训目的

熟悉利用 Quartus Ⅱ的原理图输入方法设计简单组合电路。掌握层次化设计的方法，并通过一个 8 位全加器的设计把握利用 EDA 软件进行原理图输入方式的电子线路设计的详细流程。

二、实训仪器

(1) EDA 技术实训开发系统实训箱一台。

(2) PC 一台。

(3) 40 MHz 双踪数字示波器一台。

三、实训内容

实训原理：先由一个半加器构成一个全加器，再由 8 个 1 位全加器构成一个 8 位全加器。加法器间的进位可以以串行方式实现，即将低位加法器的进位输出 cout 与相邻的高位加法器的最低进位输入信号 cin 相接。构造一个 1 位全加器可以按照如图 3.66 和图 3.67 所示的方法来完成。

1. 实训内容 1

完成半加器和全加器的设计，包括原理图输入、编译、综合、适配、仿真、实训板上的硬件测试，并将此全加器电路设置成一个硬件符号入库。键 1、键 2、键 3(PIO0/1/2)分别接 ain、bin、cin；发光管 D2、D1(PIO9/8)分别接 sum 和 cout。

2. 实训内容 2

建立一个更高层次的原理图设计，利用以上获得的 1 位全加器构成 8 位全加器，并完成编译、综合、适配、仿真和硬件测试。建议选择实训电路结构图 NO.1；键 2、键 1 输入 8 位加数；键 4、键 3 输入 8 位被加数；数码 6/5 显示加和；D8 显示进位 cout。

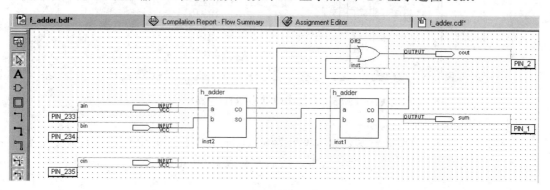

图 3.66　一位全加器

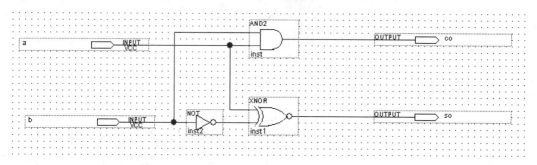

图 3.67　一位半加器

四、实训步骤

(1) 原理图输入。

(2) 仿真测试。

(3) 引脚锁定。

(4) 硬件下载测试。

五、实训报告

(1) 根据以上的实训内容写出实训报告，包括程序设计、软件编译、仿真分析、硬件测试和详细实训过程；给出程序分析报告、仿真波形图及其分析报告。

(2) 详细叙述 8 位加法器的设计流程；给出各层次的原理图及其对应的仿真波形图；给出加法器的时序分析情况；最后给出硬件测试流程和结果。

第 4 章 VHDL 基础

4.1 VHDL 概述

硬件描述语言(HDL)是一种用形式化方法描述数字电路和系统的语言。利用这种语言，数字电路系统的设计可以从上层到下层(从抽象到具体)逐层描述自己的设计思想，用一系列分层次的模块来表示极其复杂的数字系统；然后，利用电子设计自动化(EDA)工具，逐层进行仿真验证，再把其中需要变为实际电路的模块组合，经过自动综合工具转换到门级电路网表；而后，再用专用集成电路 ASIC 或现场可编程门阵列 FPGA 自动布局布线工具，把网表转换为要实现的具体电路布线结构。与原理图输入法相比较，用硬件描述语言进行系统设计更具有一般性、更高效，更适合于大系统和复杂系统设计。

VHDL(超高速集成电路硬件描述语言)是一种 IEEE 标准的硬件编程语言，是一种用普通文本形式设计数字系统的硬件语言，主要用于描述数字系统的结构、行为、功能和接口，可以在任何文字处理软件环境中编辑。它兼容多种 EDA 软件，具有功能强大、通用性强等特点，在电子工程领域已成为事实上的通用硬件描述语言。VHDL 除了含有许多具有硬件特征的语句外，其形式、描述风格及语法十分类似于计算机高级语言。

4.1.1 VHDL 的起源

早在 1980 年，因为美国军事工业需要描述电子系统的方法，所以美国国防部开始进行 VHDL 的开发。1987 年，由 IEEE(Institute of Electrical and Electronics Engineers)将 VHDL 制定为标准，参考手册为 IEEE VHDL 语言参考手册标准草案 1076/B 版，于 1987 年批准，称为 IEEE 1076-1987。应当注意，起初 VHDL 只是作为系统规范的一个标准，而不是为设计而制定的。第二个版本是在 1993 年制定的，称为 VHDL-93，该版本增加了一些新的命令和属性。虽然有"VHDL 是一个 4 亿美元的错误"这样的说法，但 VHDL 是 1995 年以前唯一制定为标准的硬件描述语言，这是它不争的事实和优势；但同时它确实比较麻烦，而且其综合库至今也没有标准化，不具有晶体管开关级的描述能力和模拟设计的描述能力。

目前的看法是，对于特大型的系统级数字电路设计，VHDL 是较为合适的。

4.1.2 常用的硬件描述语言比较

硬件描述语言(HDL)的发展至今已有 30 多年的历史，并成功地应用于设计的各个阶段：建模、仿真、验证和综合等。到 20 世纪 80 年代，已出现了上百种硬件描述语言，对设计自动化曾起到了极大的促进和推动作用。但是，这些语言一般各自面向特定的设计领域和层次，而且众多的语言使用户无所适从。因此，急需一种面向设计的多领域、多层次并得到普遍认同的标准硬件描述语言。20 世纪 80 年代后期，VHDL 和 Verilog HDL 语言适应了这种趋势的要求，先后成为 IEEE 标准。

现在，随着系统级 FPGA 以及系统芯片的出现，软硬件协调设计和系统设计变得越来越重要。传统意义上的硬件设计越来越倾向于与系统设计和软件设计结合。硬件描述语言为适应新的情况迅速发展，出现了很多新的硬件描述语言，如 Superlog、SystemC、Cynlib C++ 等。

1. VHDL

VHDL 程序将一项工程设计项目(或称设计实体)分成描述外部端口信号的可视部分和描述端口信号之间逻辑关系的内部不可视部分，这种将设计项目分成内、外两个部分的概念是硬件描述语言(HDL)的基本特征。当一个设计项目定义了外部界面(端口)，在其内部设计完成后，其他的设计就可以利用外部端口直接调用这个项目了。

VHDL 是一种快速的电路设计工具，其功能涵盖了电路描述、电路合成、电路仿真等设计工作。VHDL 具有极强的描述能力，能支持系统行为级、寄存器传输级和逻辑门电路级三个不同层次的设计，能够完成从上层到下层(从抽象到具体)逐层描述的结构化设计思想。VHDL 有良好的可读性，接近高级语言，容易理解。

2. Verilog HDL

Verilog HDL 是在 1983 年，由 GDA(GateWay Design Automation)公司的 Phil Moorby 首创的。基于 Verilog HDL 的优越性，IEEE 于 1995 年制定了 Verilog HDL 的 IEEE 标准，即 Verilog HDL 1364-1995；2001 年发布了 Verilog HDL 1364-2001 标准。在这个标准中，加入了 Verilog HDL-A 标准，使 Verilog HDL 有了模拟设计描述的能力。

Verilog HDL 和 VHDL 在行为级抽象建模的覆盖范围方面也有所不同。一般认为 Verilog HDL 在系统级抽象方面比 VHDL 略差一些，而在门级开关电路描述方面比 VHDL 强得多。

Verilog HDL 的优点：

(1) 能够在多个层次上对所设计的系统加以描述，从开关级、门级、寄存器传输级(RTL)到行为级等；语言不对设计的规模施加任何限制。

(2) 可采用行为描述、数据流描述和结构化描述三种不同方式或混合方式对设计建模。

(3) 具有两种数据类型，即线网数据类型和寄存器数据类型。

(4) 是一种非常容易掌握的硬件描述语言，只要有 C 语言的编程基础，通过短时间的学习，再加上一段实际操作，便可在二至三个月内掌握这种设计技术。

3. Superlog

开发一种新的硬件设计语言总是有些冒险，而且未必能够利用原来对硬件开发的经验。能不能在原有硬件描述语言的基础上，结合高级语言 C、C++甚至 Java 等语言的特点，进行扩展，达到一种新的系统级设计语言标准呢？

Superlog 就是在这样的背景下研制开发的系统级硬件描述语言。Verilog 语言的首创者 Phil Moorby 和 Peter Flake 等硬件描述语言专家，在一家叫 Co-Design Automation 的 EDA 公司进行合作，开始对 Verilog HDL 进行扩展研究。1999 年，Co-Design 公司发布了 SUPERLOGTM 系统设计语言，同时发布了两个开发工具：SYSTEMSIMTM 和 SYSTEMEXTM，一个用于系统级开发，另一个用于高级验证。2001 年，Co-Design 公司向电子产业标准化组织

Accellera 发布了 superlog 扩展综合子集 ESS，这样它就可以在今天 Verilog 语言的 RTL 级综合子集的基础上，提供更多级别的硬件综合抽象级，为各种系统级的 EDA 软件工具所利用。

至今为止，已超过 15 家芯片设计公司用 Superlog 来进行芯片设计和硬件开发。Superlog 是一种具有良好前景的系统级硬件描述语言。

Superlog 集合了 Verilog HDL 的简洁、C 语言的强大、功能验证和系统级结构设计等特征，是一种高速的硬件描述语言。

Superlog 的优点如下：

(1) Superlog 是 Verilog HDL 的超集，支持 Verilog 2K 的硬件模型。

(2) Superlog 提供 C 语言的结构、类型、指针，同时具有 C++ 面向对象的特性。

(3) Superlog 扩展综合子集 ESS。ESS 提供一种新的硬件描述的综合抽象级。

(4) 具有强大的验证功能，可自动测试基准，如随机数据产生、功能覆盖、各种专有检查等。

4. SystemC

随着半导体技术的迅猛发展，SoC 已经成为当今集成电路设计的发展方向。在系统芯片的各个设计中，如系统定义、软硬件划分、设计实现等，集成电路设计界一直在考虑如何满足 SoC 的设计要求，一直在寻找一种能同时实现较高层次的软件和硬件描述的系统级设计语言。

SystemC 正是在这种情况下，由 Synopsys 公司和 CoWare 公司积极响应目前各方对系统级设计语言的需求而合作开发的。1999 年 9 月 27 日，40 多家世界著名的 EDA 公司、IP 公司、半导体公司和嵌入式软件公司宣布成立"开放式 SystemC 联盟"。著名公司 Cadence 也于 2001 年加入了 SystemC 联盟。SystemC 从 1999 年 9 月联盟建立初期的 0.9 版本开始更新，从 1.0 版到 1.1 版，一直到 2015 年 4 月推出了最新的 2.3.2 版。

所有的 SystemC 都是基于 C++ 的。SystemC 内核提供一个用于系统体系结构、并行、通信和同步时钟描述的模块，完全支持内核描绘以外的数据类型、用户定义数据类型。通常的通信方式，如信号、FIFO，都可以在内核的基础上建立，经常使用的计算模块也可以在内核基础上建立。

实际使用中，SystemC 由一组描述类库和一个包含仿真核的库组成。在用户的描述程序中，必须包括相应的类库，可以通过通常的 ANSI C++编译器编译该程序。SystemC 提供了软件、硬件和系统模块。用户可以在不同的层次上自由选择，建立自己的系统模型，进行仿真、优化、验证、综合等。

4.1.3　VHDL 的特点

VHDL 作为一种标准的硬件描述语言，具有结构严谨、描述能力强的特点。由于 VHDL 来源于 C、Fortran 等计算机高级语言，因此在 VHDL 中保留了部分高级语言的原语句，如 if 语句、子程序和函数等，便于阅读和应用。

VHDL 的具体特点如下：

(1) 支持从系统级到门级电路的描述，既支持自底向上(bottom-up)的设计，也支持从顶向下(top-down)的设计，同时还支持结构、行为和数据流三种形式的混合描述。

(2) VHDL 的设计单元的基本组成部分是实体(ENTITY)和结构体(ARCHITECTURE)。实体包含设计系统单元的输入和输出端口信息；结构体描述设计单元的组成和行为，便于各模块之间数据传送。利用单元(COMPONET)、块(BLOCK)、过程(PROCURE)和函数(FUNCTION)等语句，用结构化层次化的描述方法，可使复杂电路的设计更加简便。采用包的概念，便于标准设计文档资料的保存和广泛使用。

(3) VHDL 有常数、信号和变量三种数据对象，每一个数据对象都要指定数据类型。VHDL 的数据类型丰富，有数值数据类型和逻辑数据类型，有位型和位向量型；既支持预定义的数据类型，又支持自定义的数据类型；其定义的数据类型具有明确的物理意义。VHDL 是强类型语言。

(4) 数字系统有组合电路和时序电路，时序电路又分为同步和异步，电路的动作行为有并行和串行动作。VHDL 常用语句分为并行语句和顺序语句，完全能够描述复杂的电路结构和行为状态。

4.2 VHDL 的描述结构

一个 VHDL 程序必须包括实体和结构体，多数程序还要包含库(LIBRARY)和程序包(PACKAGE)部分。对某一实体，如果给出多种不同形式的结构体描述，在调用该实体时可以根据需要选择其中某一个结构体，这时还需要在程序中添加配置(CON_FIGURATION)部分。

4.2.1 库

库是专门用于存放预先编译好的程序包的地方，对应一个文件目录(程序包的文件就放在此目录中)，其功能相当于共享资源的仓库，所有已完成的设计资源只有存入某个"库"内才可以被其他实体共享。库中主要包括预先定义好的数据类型，子程序设计单元的集合体(程序包)，或预先设计好的各种设计实体等。库的说明一般放在设计单元的最前面。

库的语法格式如下：

LIBRARY<设计库名>;

VHDL 中常见的库主要包括 IEEE 库、WORK 库和 STD 库三类。具体介绍如下：

(1) IEEE 库。IEEE 库是使用最为广泛的资源库，包含 IEEE 标准的 STD_LOGIC_1164、NUMERIC_BIT、NUMERIC_STD 以及其他一些支持工业标准的程序包。其中 STD_LOGIC_1164 是设计人员最常使用和最重要的程序包，大部分程序都是以此程序包中设定的标准为设计基础的。该包主要定义了一些常用的数据类型和函数，如 STD_LOGIC、STD_ULOGIC、STD_LOGIC_VECTOR、STD_ULOGIC_VECTOR 等。

(2) STD 库。STD 库是 VHDL 标准库，该库中包含了 STANDARD 和 TEXTIO 两个标准程序包。程序包 STANDARD 中定义了 VHDL 的基本的数据类型，如字符(CHARACTER)、整数(INTEGER)、实数(REAL)、位(BIT)和位矢量(BIT_VECTOR)等。用户在程序中可以随时调用 STANDARD 包中的内容，无需说明。程序包 TEXTIO 中定义了对文本文件进行读、写控制的数据类型和子程序。用户在程序中调用 TEXTIO 包中的内容，需要使用 USE 语句进行说明。

(3) WORK 库。WORK 库是 VHDL 的标准资源库，可以用来临时保存以前编译过的单元和模块。一般使用 WORK 库不需要说明。用户自己设计的模块可以放在 WORK 库中，若使用用户定义的元件和模块，则需要使用 USE 语句进行说明。

4.2.2　程序包

实体中定义的各种数据类型、子程序和元件调用说明只能局限在该实体内或结构体内调用，其他实体不能使用。出于资源共享的目的，VHDL 提供程序包。程序包是用 VHDL 语言编写的一段程序，可以供其他设计单元调用和共享，相当于公用的"工具箱"；各种已定义的常数、数据类型、子程序一旦放入程序包，就成为共享的"工具"；各个实体都可以使用程序包定义的"工具"，类似于 C 语言的头文件。

调用程序包的格式如下：

格式 1：

　　　USE 库名.程序包名.项目名；　　　 --使用库中某个程序包的某个项目

格式 2：

　　　USE 库名.程序包名.ALL；　　　　 --使用库中某个程序包的所有项目

常用的 IEEE 标准库中存放如下程序包：

(1) STD_LOGIC_1164 程序包。STD_LOGIC_1164 程序包定义了一些数据类型、子类型和函数。数据类型包括 STD_LOGIC、STD_ULOGIC、STD_LOGIC_VECTOR、STD_ULOGIC_VECTOR，用得最多最广的是 STD_LOGIC 和 STD_LOGIC_VECTOR 数据类型。该程序包预先在 IEEE 库中编译，是 IEEE 库中最常用的标准程序包，其数据类型能够满足工业标准，非常适合 CPLD 或 FPGA 器件的多值逻辑设计结构。

(2) STD_LOGIC_ARITH 程序包。该程序包是预先编译在 IEEE 库中的，主要是在 STD_LOGIC_1164 程序包的基础上扩展了 SIGNED(符号)、UNSIGNED(无符号)和 SMALL_INT(短整型)3 个数据类型，并定义了相关的算术运算符和转换函数。

(3) STD_LOGIC_SIGNED 程序包。该程序包是预先编译在 IEEE 库中的，主要定义有符号数的运算，重载后可用于 INTEGER(整数)、STD_LOGIC(标准逻辑位)和 STD_LOGIC_VECTOR(标准逻辑位向量)之间的混合运算，并且定义了 STD_LOGIC_VECTOR 到 INTEGER 的转换函数。

(4) STD_LOGIC_UNSIGNED 程序包。该程序包用来定义无符号数的运算，其他功能与 STD_LOGIC_SIGNED 程序包相似。

4.2.3　实体

VHDL 描述的对象称为实体，可代表任何电路。从一条连接线、一个门电路、一个芯片、一块电路板，到一个复杂系统都可看成一个实体。实体类似于原理图中的一个部件符号，它不描述设计的具体功能，而是用来描述设计所包含的 I/O 端口及其特征。实体中的每一个 I/O 信号被称为端口，其功能对应于电路图符号的一个引脚。端口说明则是对一个实体的一组端口的定义，即对基本设计实体与外部接口的描述。端口是设计实体和外部环境动态通信的通道。

实体的语法格式如下：

ENTITY 实体名 IS

    [GENERIC(类属说明)]

PORT(端口说明);

实体说明部分;

END [ENTITY] [实体名];

其中，ENTITY、IS、GENERIC、PORT、END ENTITY 都是描述实体的关键词，在编译中，关键词不区分大小写。实体名是设计者自己给设计实体的命名，其他设计实体可对该设计实体进行调用。实体名最好根据电路功能来定义，便于分析程序。中间的方括号内的语句描述为可选项，可以缺省。

1. 类属说明

类属说明是实体说明的一个可选项，主要在进行考虑一般性的设计时用到，通过改变这些类属参数可适应不同的情况要求。它主要为设计实体指定参数，多用来定义端口宽度、实体中元件的数目、器件延迟时间等。使用类属说明可以使设计具有通用性。例如，在设计中有一些参数事先不能确定，为了简化设计和减少 VHDL 源代码的书写量，通常编写通用的 VHDL 源代码，源代码中这些参数是待定的，在仿真时只要用 GENERIC 语句将待定参数初始化即可。

类属说明语句的格式如下：

GENERIC(常数名 1: 数据类型 1: = 设定值 1;

    …;

常数名 n:数据类型 n:= 设定值 n);

例如：

GENERIC(n:POS ITIVE := 8);   --声明一个类属参数

2. 端口说明

端口说明也是实体说明的一个可选项，描述所设计的电路与外部电路的接口，指定其I/O 端口或引脚。实体与外界交流的信息必须通过端口输入或输出，端口的功能相当于元件的引脚。实体中的每一个 I/O 信号都被称为一个端口，一个端口就是一个数据对象。端口可以被赋值，也可以作为信号用在逻辑表达式中。

端口说明语句格式如下：

PORT(端口信号名 1:端口模式 1 数据类型 1;

          …;

端口信号名 n:端口模式 n 数据类型 n);

端口信号名是设计者为实体的每一个对外通道所取的名字；端口模式是指这些通道上的信号传输方向，共有 4 种传输方向，如表 4.1 所示。数据类型约束信号可以执行的运算操作，在 VHDL 中将其分为预定义类型和用户自定义类型两大类，这两类都在 VHDL 的标准程序包中做了定义，设计时可随时调用，具体分类如表 4.2 所示。

表 4.1　端口信号传输方向

方向定义	说　明	备　注
IN	单向输入模式,将变量或信号信息通过该端口读入实体	IN 相当于电路中只允许输入的引脚
OUT	单向输出模式,信号通过该端口从实体输出	OUT 相当于只允许输出的引脚
INOUT	双向输入/输出模式,既可作为输入端口,又可作为输出端口	INOUT 相当于双向引脚,是在普通输出端口基础上增加一个三态输出缓冲器和一个输入缓冲器构成的,通常在具有双向传输数据功能的设计实体中使用,例如含有双向数据总线的单元
BUFFER	缓冲输出模式,具有回读功能的输出模式,可作为输入端口,也可作为输出端口	BUFFER 是带有输出缓冲器并可以回读的引脚,是 INOUT 的子集,BUFFER 类的信号在输出到外部电路的同时,也可以被实体本身的结构体读入,这种类型的信号常用来描述带反馈的逻辑电路,如计数器等

表 4.2　数据类型分类

分　类	数据类型		含　义
预定义 (STANDARD程序 包中,使 用时不必 通用 USE 语句进行 调用)	整数	INTEGER	整数 $(-2^{31}-1) \sim (2^{31}-1)$
	实数	REAL	浮点数-1.0E38~1.0E38
	位	BIT	逻辑 0 或 1
	位矢量	BIT_VECTOR	用双引号括起来的一组位数据
	布尔量	BOOLEAN	逻辑真或逻辑假,只能通过关系运算获得
	字符	CHARACTER	ASCII 字符,所定义的字符量通常用单引号括起来
	字符串	STRING	由双引号括起来的一个字符序列
	正整数	NATURAL	整数的子集(大于 0 的整数)
	时间	TIME	时间单位: fs、ps、ns、ms、sec、min、hr
	错误等级	SEVERITY LEVEL	用于指示系统的工作状态
预定义 (IEEE 库 中,必须 调用 IEEE 中 相应的程 序包)	标准逻辑位	STD_LOGIC	扩展定义了 9 种值,其符号和含义分别为: U 表示未初始化; X 表示不定; 0 表示低电平; 1 表示高电平; Z 表示高电阻; W 表示弱信号不定; L 表示弱信号低电平; H 表示弱信号高电平; -表示可忽略(任意)状态
	标准逻辑位向量	STD_LOGIC_VECTOR	必须说明位宽和排列顺序,数据要用双引号括起来
	无符号	UNSIGNED	由 STD_LOGIC 数据类型构成的一维数组,表示一个自然数
	有符号	SIGNED	表示一个带符号的整数,其最高位是符号位(0 代表正整数,1 代表负整数),用补码表示数值
用户 自定义	枚举类型	ENUMERATED	定义中,直接列出数据的所有取值
	数组类型	ARRAY	将相同类型的数据集合在一起所形成的一个新数据类型,可以是一维的,也可以是多维的
	用户自定义子类型		用户若对自己定义的数据做一些限制,由此就形成了原自定义数据类型的子类型

4.2.4 结构体

结构体通过 VHDL 语句描述实体所要求的具体行为和逻辑功能,描述各元件之间的连接情况。一个实体中可以有一个结构体,也可以有多个结构体,但各个结构体不应有重名,结构体之间没有顺序上的差别。

结构体的语法格式如下:

ARCHITECTURE   结构体名 OF 实体名 IS

    [声明语句]

BEGIN

  功能描述语句

END [ARCHITECTURE] 结构体名;

其中,ARCHITECTURE、OF、IS、BEGIN、END ARCHITECTURE 都是结构体的关键词,在描述时必须包含。

说明:

(1) 声明语句。声明语句是一个可选项,位于关键字 ARCHITECTURE 和 BEGIN 之间,用来定义结构体中的各项内部使用元素,如数据类型(TYPE)、常数(CONSTAND)、变量(VARIABLE)、信号(SIGNAL)、元件(COMPONENT)、过程(POCEDURE)和进程(PROCESS)等。

(2) 功能描述语句。功能描述语句位于 BEGIN 和 END 之间,是必需的,具体描述结构体(电路)的行为(功能)及其连接关系,主要使用信号赋值、块(BLOCK)、进程(PROCESS)、元件例化(COMPONENT MAP)及子程序调用等五类语句。结构体用 3 种方式对设计实体进行描述,分别是行为描述、寄存器传输描述和结构描述(详见 4.3 节)。

注意: 所说明的内容只能用于这个结构体,若要使这些说明也能被其他实体或结构体所引用,则需要先把它们放入程序包。在结构体中,不要把常量、变量或信号定义成与实体端口相同的名称。

4.2.5 配置

配置是在一个实体有几个结构体时,用来为实体指定在特定的情况下使用哪个特定的结构体的。在仿真时,可利用配置为实体选择不同的结构体。为满足不同设计阶段或不同场合的需要,对某一个实体可以给出几种不同的结构体描述,这样在其他实体调用该实体时,可以根据需要选择其中某一个结构体。选择不同的结构体是为了进行性能比较,确定性能最佳的结构体。此过程由配置语句完成。

配置语句的格式如下:

CONFIGURATION 配置名 OF 实体名 IS

    配置说明

END 配置名;

4.3　VHDL 的描述方式

VHDL 是通过结构体来具体描述整个设计实体的逻辑功能的。通常结构体有三种不同的描述方式：行为描述方式(Behavior)、数据流描述方式(Dataflow)和结构描述方式(Structural)。VHDL 通过这三种不同的描述方式从不同的侧面描述结构体的功能。

4.3.1　行为描述方式

行为描述也称算法级描述，是以算法的形式来描述输入与输出间数据转换的，也就是说结构体只描述所希望电路的功能，而不直接指明或涉及实现这些功能的硬件结构，包括硬件特性、连线方式和逻辑行为方式。行为描述在 EDA 工程中通常被称为高层次描述，设计工程师只需要注意正确的实体行为、准确的函数模型和精确的输出结果就可以了，无需关注实体的电路组织和门级实现。这种描述方式通常由一个或多个进程构成，每一个进程又包含一系列顺序语句。

【例 4-1】　用行为描述方式，描述三输入"与非"门电路(见图 4.1)。

```
ARCHITECTURE behave OF nand3 IS
BEGIN
        PROCESS (a, b, c)
        BEGIN
            IF (a = '1' AND b = '1' AND c = '1') THEN
                    y <= '0';
            ELSE
                    y <= '1';
            END IF;
        END PROCESS;
END behave;
```

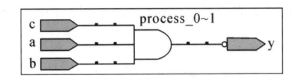

图 4.1　用行为描述方式描述的"与非"门电路

从例 4-1 中可以看出行为描述方式具有以下特点：

(1) 行为描述只描述设计电路的功能或电路的行为，而没有指明或实现这些行为的硬件结构；或者说行为描述只表示输入/输出之间的转换行为，它不包含任何结构信息。

(2) 行为描述通常指顺序语句描述，即含有进程的非结构化的逻辑描述。

(3) 行为描述的设计模型定义了系统的行为，通常由一个或多个进程构成，每一个进程又包含了一系列的顺序语句。

4.3.2　数据流描述方式

数据流描述方式也称寄存器 RTL 描述方式，是按照数据流动的方向来进行描述的。这种描述是以规定设计中的各种寄存器形式为特征，然后在寄存器之间插入组合逻辑的。一般的，VHDL 的 RTL 描述方式类似于布尔方程，可以描述时序电路，也可以描述组合电路。这种描述风格是建立在用并行信号赋值语句描述基础上的，当语句中任一输入信号的值发生改变时，赋值语句就被激活。数据流描述方式能比较直观地表达底层逻辑行为。

【例 4-2】 用数据流描述方式，描述三输入“与非”门电路(见图 4.2)。

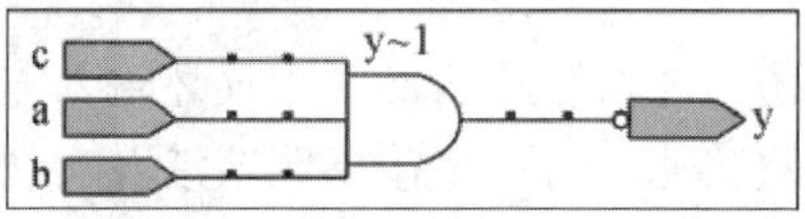

图 4.2　用数据流描述方式描述的“与非”门电路

三输入“与非”门的布尔方程为

y = NOT (a AND b AND c)

基于上述布尔方程的数据流风格的描述如下：

```
ARCHITECTURE rtl OF nand3 IS
BEGIN
      y <= NOT (a AND b AND c);
END rtl;
```

数据流描述方式表示行为，也隐含表示结构。它描述数据流的运动路线、运动方向和运动结果。

为保证电子系统设计的正确性，使用 RTL 描述方式应注意以下问题：

(1) RTL 描述方式中，应禁止高阻状态“Z”。

在使用双向数据总线时，其信号取值总会出现高阻状态“Z”。当双向总线的信号去驱动逻辑电路时，就有可能出现“X”状态的传递。所谓“X”状态的传递，即不确定信号的传递，它将使逻辑电路产生不确定的结果。“不确定状态”在 RTL 仿真时是允许出现的，但在逻辑综合后的门级电路仿真中是不允许出现的。比如图 4.3 中所示的两段代码，当 sel = 'X' 时，代码 1 中输出的 y 值为 1，代码 2 中却变成了 0。

--代码 1	--代码 2

PROCESS(sel)
BEGIN
    IF(sel = '1')THEN
      y <= '0';
    ELSE
        y <= '1';
    END IF;
END PROCESS;
	PROCESS(sel)
	BEGIN
	    IF(sel = '0')THEN
	        y <= '1';
	    ELSE
	        y <= '0';
	    END IF;
	END PROCESS;

图 4.3　两段代码

为了保证逻辑电路的正常工作，高阻状态"Z"应该禁止。

(2) 禁止在一个进程中存在两个边沿检测的寄存器描述。

如下代码中，同一进程中引入两个边沿检测的寄存器描述是不允许的。

```
        PROCESS(clk1, clk2)
        BEGIN
            IF (clk1 'EVENT AND clk1 = '1') THEN
                y <= a;
            END IF;
            IF (clk2 'EVENT AND clk2 = '1') THEN
                z <= b;
            END IF;
        END PROCESS;
```

(3) 禁止使用 IF 语句中的 ELSE 项。

如下代码中，检测 clk 的上升沿决定输出 y，理论上讲没问题，但不可能有这样的硬件电路与之对应。在寄存器描述中禁止使用 IF 语句中的 ELSE 项。

```
        PROCESS(clk)
        BEGIN
            IF (clk'EVENT AND clk = '1') THEN
                y <= a;
            ELSE                              -- 禁止使用
                y <= b;
            END IF;
        END PROCESS;
```

(4) 寄存器描述中必须代入信号值。

如下代码中，tmp 必须代入信号值。

```
        PROCESS(clk)
        VARIABLE    tmp: STD_LOGIC;
        BEGIN
            IF (clk'EVENT AND clk = ' 1') THEN
                tmp := a;
            END IF;
                y <= tmp;
        END PROCESS;
```

4.3.3　结构描述方式

结构描述方式是按照逻辑元件的连接进行描述的，是基于元件例化语句或生成语句的应用。利用这种语句可以用不同类型的结构来完成多层次的工程，即从简单的门到非常复杂的元件(包括各种已完成的设计实体子模块)来描述整个系统。元件间的连接是通过定义的端口界面来实现的,其风格最接近实际的硬件结构。

结构描述方式是在多层次的设计中进行的,高层次的设计可以调用低层次的设计模块,或直接用门电路设计单元来构成一个复杂逻辑电路的方法。利用结构描述方式将已有的设计成果方便地用于新的设计中,能大大提高设计效率。在结构描述方式中,建模的焦点是端口及其互联关系。

结构描述方式的建模步骤如下:

(1) 元件说明,用于描述局部接口。

(2) 元件例化,即相对于其他元件来放置该元件。

(3) 元件配置,用于指定元件所用的设计实体。

【例 4-3】 用结构描述方式,描述三输入"与非"门电路(见图 4.4)。

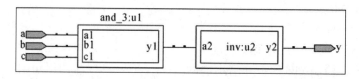

图 4.4 用结构描述方式描述的"与非"门电路

对于与非门,可以看作是由一个与门和一个非门组成。因此,可以将与非门的结构描述如下:

```
ARCHITECTURE structure OF nand3 IS
    SIGNAL temp: BIT;
    COMPONENT and3 IS                  --三输入与门说明
        PORT (a1, b1, c1: IN BIT;
                    y1: OUT BIT);
    END COMPONENT;
    COMPONENT inv IS                   --非门说明
        PORT (a2: IN BIT;
                    y2: OUT BIT);
    END COMPONENT;
BEGIN
    u1: and3 PORT MAP (a, b, c, temp);  --三输入与门例化与配置
    u2: inv PORT MAP (temp, y);         --非门例化与配置
END structure;
```

对于一个复杂的电子系统,可以将其分解为若干个子系统,每个子系统再分解成模块,形成多层次设计。这样,可以使更多的设计者同时进行合作。在多层次设计中,每个层次都可以作为一个元件,然后再整体调试。因此,结构描述不仅是一种设计方法,而且是一种设计思想,是大型电子系统高层次设计的重要手段。

4.3.4 描述方式比较

【例 4-4】 用行为描述、数据流描述和结构描述三种不同的描述方式,描述四选一数据选择器。

　　数据选择器又称为多路转换器或多路开关。它是数字系统中常用的一种典型电路，其主要功能是从多路数据中选择其中一路信号发送出去。所以，它是一个多输入、单输出的组合逻辑电路。四选一数据选择器的真值表如表 4.3 所示，一个四选一数据选择器应具备的脚位为：地址输入端：S0、S1；数据输入端：D、C、B、A；输出端：Y。其电路图如图 4.5 所示。

表 4.3　四选一数据选择器真值表

地　址　输　入		输　　出
S0	S1	Y
0	0	A
0	1	B
1	0	C
1	1	D

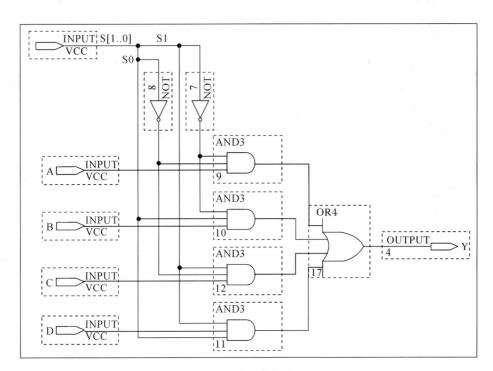

图 4.5　四选一数据选择器

--四选一数据选择器的行为描述

```
LIBRARY   IEEE;
USE IEEE.STD_LOGIC_1164.ALL;
ENTITY multi_4v IS PORT(S: IN     STD_LOGIC_VECTOR (1 DOWNTO 0);
                    A, B, C, D: IN     STD_LOGIC;
```

```
                            Y: OUT    STD_LOGIC);
END multi_4v;
ARCHITECTURE a OF multi_4v IS
BEGIN
  PROCESS
    BEGIN
      IF (S = "00") THEN
        Y <= A;
      ELSIF (S = "01") THEN
        Y <= B;
      ELSIF (S = "10") THEN
        Y <= C;
      ELSIF (S = "11") THEN
        Y <= D;
      END IF;
    END PROCESS;
END a;
```

--四选一数据选择器的数据流描述

```
LIBRARY IEEE;
USE IEEE.STD_LOGIC_1164.ALL;
ENTITY multi_4v IS PORT(S: IN    STD_LOGIC_VECTOR (1 DOWNTO 0);
                        A, B, C, D: IN    STD_LOGIC;
                        Y: OUT    STD_LOGIC);
END multi_4v;
ARCHITECTURE a OF multi_4v IS
BEGIN
 PROCESS
    BEGIN
    y <= A    WHEN S = "00"    ELSE
         B    WHEN S = "01"    ELSE
         C    WHEN S = "10"    ELSE
         D   ;
    END PROCESS;
END a;
```

--四选一数据选择器的结构描述

```
LIBRARY IEEE;
USE IEEE.STD_LOGIC_1164.ALL;
ENTITY multi_4v IS
  PORT (a, b, c, d : IN STD_LOGIC;
```

```
        s : IN STD_LOGIC_VECTOR(1 DOWNTO 0);
        q : OUT STD_LOGIC);
END multi_4v;
ARCHITECTURE structural OF multi_4v IS

  COMPONENT and_3
    PORT (in1, in2, in3 : IN STD_LOGIC;
          out1 : OUT STD_LOGIC);
  END COMPONENT;

  COMPONENT or_4
    PORT (in1, in2, in3 , in4: IN STD_LOGIC;
          out1: OUT STD_LOGIC);
  END COMPONENT;

  COMPONENT INV
    PORT (in1:IN STD_LOGIC;
          out1 :OUT STD_LOGIC);
  END COMPONENT;
SIGNAL ns0, ns1, a1, b1, c1, d1 : STD_LOGIC;
BEGIN
  g1:INV PORT MAP (s(0), ns0);
  g2: INV PORT MAP (s(1), ns1);
  g3: and_3 PORT MAP (ns0, ns1, a, a1);
  g4 : and_3 PORT MAP (s(0), ns1, b, b1);
  g5 : and_3 PORT MAP (ns0, s(1), c, c1);
  g6 : and_3 PORT MAP (s(0), s(1), d, d1);
  g7 : or_4 PORT MAP (a1, b1, c1, d1, q);
END structural;
```

结构体的三种描述方式比较如表 4.4 所示。

表 4.4　结构体的三种描述方式比较

描述方式	优　点	缺　点	适用场合
行为描述	电路特性清晰明了	在进行综合的时候,效率相对较低	大型复杂的电路模块设计
数据流描述	布尔函数定义清楚	不易描述复杂电路,不易修改	小门数设计
结构描述	连接关系清晰，电路模块化清晰	电路不易理解，电路繁琐、复杂	电路层次化设计

在应用 VHDL 进行程序设计时，行为描述方式是最重要的描述方式，它是 VHDL 编程的核心。可以说，没有行为描述就没有 VHDL。

4.4 VHDL 的语言要素

VHDL 在表现形式上与高级语言极其相似，其语言要素是编程语句的基本单元，是VHDL 作为硬件描述语言的基本结构元素，主要包括文字规则、数据对象(Data Object，简称 Object)、数据类型(Data Type，简称 Type)、各类操作数(Operands)及运算操作符(Operator)。

4.4.1 VHDL 的文字规则

VHDL 的文字(Literal)主要包括数值和标识符。数值型文字主要有数字型、字符串型、位串型。

1. 数值型文字

(1) 整数文字：都是十进制的数，如 5，678，0，156E2(= 15600)，45_234_287(= 45234287)。数字间的下划线仅仅是为了提高文字的可读性，相当于一个空的间隔符，而没有其他的意义，因而不影响文字本身的数值。允许在数字前冠以若干个 0，但不允许数字间存在空格。

(2) 实数文字：也都是十进制的数，但必须带有小数点，如 18.0，5_345_112.456，3.25，64.8E-2。

目前，FPGA/CPLD 的应用综合器不支持实数类型。

(3) 以数制基数表示的文字：用这种方式表示的数由 5 个部分组成。第 1 部分，用十进制数标明数制进位的基数；第 2 部分，数制隔离符号 "#"；第 3 部分，表达的文字；第4 部分，指数隔离符号 "#"；第 5 部分，用十进制表示的指数部分，这一部分的数如果是0，则可以省去不写。例如：

```
10#170#          --十进制数表示，等于 170
2#1111_1110#     --二进制数表示，等于 254
16#E#E1          --十六进制数表示，相当于 2#11100000#，等于 224
16#F.01#E+2      --十六进制数表示，等于 3841.00
```

以数制基数表示的文字，基的最小值为 2，最大值为 16。允许出现字母 A～F，字母不区分大小写。相邻数字间插入下划线不影响数值。

2. 字符及字符串表示

(1) 字符放在单引号中，如 'A'、'*'、'Z'。

(2) 文字字符串放在双引号中，如 "ERROR"，"X"。

(3) 数位字符串也称为位矢量，与文字字符串相似，表示二进制、八进制或十六进制数组。数位字符串所代表的位矢量长度即等值的二进制的位数。数位字符串的表示首先要有计算基数，然后将该基数表示的值放在双引号中。

(4) 基数符以"B"、"O"和"X"表示，放在字符串的前面，分别表示二、八、十六进制基数符号。例如：

　　　　B "1_1101_1110"　　　　　　--二进制数数组，位矢数组长度是 9

3. 标识符

标识符是最常用的操作符，可以是常数、变量、信号、子程序、端口或参数的名字。

VHDL 基本标识符的书写规则如下：

(1) 有效的字符：英文字母包括 26 个大小写字母 a~z，A~Z；数字包括 0~9 以及下划线"_"。

(2) 任何标识符必须以英文字母开头。

(3) 必须是单一下划线"_"，且其前后都必须有英文字母或数字。即：最后一个字符不能是下划线；不允许连用两个下划线。

(4) 标识符中的英文字母不区分大小写。

(5) 标识符不能有空格。

(6) VHDL 的保留字(关键字)不能用于标识符。

如下即为不合法的标识符：

　　　　Select　　　　　--关键字(保留字)不能用于标识符

　　　　rx_clk_　　　　　--最后字符不能是下划线

尽管 VHDL 仿真综合时不区分大小写，但一个优秀的硬件程序设计师应该养成良好的编程习惯。通常，在书写程序时，应将 VHDL 的保留关键字设为大写字母或黑体，设计者自己定义的标识符用小写字母，这样便于阅读和检查程序。

4. 注释

为提高 VHDL 源程序的可读性，在 VHDL 中可以标记注释。VHDL 中的注释文字一律为 2 个连续的连接线"--"，可以出现在任一语句后面，也可以出现在独立行。注释不是 VHDL 设计描述的一部分，编译后存入数据库中的信息不包括注释，但标记注释的良好习惯在阅读和检查程序时对设计人员是非常有益的。

在 Quartus II 软件中可以看到，输入"--"后，后面字体的颜色会发生变化。

5. 下标名

下标名用于指示数组型变量或信号的某一元素。

其语句格式如下：

　　　　标识符 (表达式);

标识符必须是数组类型信号名或变量名，表达式所代表的值必须是数组下标范围中的一个值，这个值将对应数组中的一个元素。如：

　　　　SIGNAL　a, b:BIT _VECTOR(0 TO 4);

　　　　SIGNAL　y:INTEGER RANGE 0 TO 2;

　　　　SIGNAL　p, q:BIT;

　　　　p <= a (y);

　　　　q <= b (1);

其中，a (y)为一个下标语句，y 是不可计算的下标名，只能在特定情况下进行综合；b (1)

的下标为 1, 可以进行综合。

4.4.2　VHDL 的数据对象

在 VHDL 中, 数据对象是可以赋予一个值的客体, 可以接受不同数据类型的赋值。常用的数据对象为常量(CONSTANT)、信号(SIGNAL)和变量(VARIABLE), 在使用前必须给予说明。信号是比较特殊的数据对象, 它具有更多的硬件特征, 是 VHDL 中最有特色的语言要素之一。

1. 常量(CONSTANT)

常量是指在设计描述中不会变化的值, 具有全局意义, 不对应电路中的物理量。常量说明全局量, 在构造体(Architecture)、实体(Intity)、程序包(Package)、进程语句(Process)、函数(Function)、过程(Procedure)中均可使用。

常量定义的一般格式如下:

　　CONSTANT 常量名{,常量名}: 数据类型 := 表达式;

例如:

　　CONSTANT FBUS: BIT_VECTOR(0 TO 5) := "010110";

注意:

(1) 常量所赋值和定义的数据类型应一致。

(2) 常量一旦赋值就不能再改变。

(3) 常量定义语句可以放在很多地方, 如在实体、结构体、程序包、进程、块和子程序中都可以定义并使用。

(4) 在设计进行综合、适配时, 常量的初值被忽略。

2. 信号(SIGNAL)

信号是电子电路内部硬件连接的抽象, 是描述硬件系统的基本数据对象。信号说明全局量, 用于描述构造体、实体、程序包。

信号说明语句的格式如下:

　　SIGNAL 信号名{, 信号名}:数据类型 [:= 初始值];

例如:

　　s1 <= s2 AFTER 10ns;

　　　　　　　　s1 <= '1';

信号作为一种数值容器, 不但可以容纳当前值, 也可以保持历史值。信号包括 I/O 引脚信号以及 IC 内部缓冲信号, 有硬件电路与之对应, 故信号之间的传递有实际的附加延时。

信号赋值语句的格式如下:

　　目标信号名 <= 表达式;

注意:

(1) 赋值语句中的表达式必须与目标信号具有相同的数据类型。

(2) 硬件中的信号总是同时工作的, 即信号同时在各个模块中流动, 这就是硬件电路的并发性。HDL 体现了实际电路中信号"同时"流动的这种基本特性。

例如：

  SIGNAL S1:STD_LOGIG := '0'; --定义了一个标准位的单值信号 S1，初始值为低电平

(3) 信号值输入信号时采用代入符 "<="，而不是赋值符 ":="，同时信号可以附加延时。

(4) 信号通常在构造体、程序包和实体中说明，不能在进程中说明(但可以在进程中使用)。

(5) 信号有外部端口信号和内部端口信号的区分。通常，在结构体中用关键字 SIGNAL 定义的信号是内部信号，无需定义数据流动方向(隐含为 INOUT)，只能在结构体内部使用，属于全局量，可以用来进行进程之间的通信。外部端口信号是设计单元电路的引脚或称端口，在程序的实体说明中定义有 IN、OUT、INOUT、BUFFER 四种信号流动方向，其作用是在设计的单元电路之间实现互联。外部端口信号给整个设计单元使用，是全局量。为便于理解，将实体中定义的外部信号统称为端口，而将内部信号称为信号。信号除了没有数据流动的方向说明以外，其他的性质和 "端口" 一致。

3. 变量(VARIABLE)

变量是程序运算中的中间量，并不对应电路中的物理量。变量说明局部量，用于进程语句、函数、过程。

变量说明语句的格式如下：

  VARIABLE 变量名{, 变量名}:数据类型 [:= 初始值];

例如：

  VARIABLE B, C:INTEGER := 2; --定义 B 和 C 为整型变量，初始值为 2

变量是一个局部量，它只用于进程和子程序。变量必须在进程或子程序的说明区域中加以说明变量赋值是直接的、非预设的，它在某一时刻仅包含一个值。变量的赋值立即生效，不存在延时行为。变量常用在实现某种运算的赋值语句中。变量数值的改变是通过变量赋值来实现的。

变量赋值语句的格式如下：

  目标变量名：＝　表达式;

注意：

(1) 赋值语句中的表达式必须与目标变量具有相同的数据类型。

(2) 变量只能在进程中定义并使用。

4. 信号和变量的主要区别

(1) 变量是一个局部量，只能用于进程或子程序中，如需将变量的值传出，应将变量赋值给信号，然后由信号将其值带出进程或子程序；信号是一个全局量，它可以用来进行进程之间的通信，可以在实体、结构体和包集合中说明。

(2) 变量赋值用 "：="，且赋值立即生效，不存在延时行为；信号赋值采用 "<=" 符号，赋值具有非立即性，信号之间的传递具有延时性。变量的值可以传递给信号，而信号的值不能传递给变量。

(3) 变量用做进程中暂存数据的单元；信号用做电路中的信号连线。

(4) 信号赋值可以出现在进程中，也可以直接出现在结构体中，但它们的运行含义不同：前者属顺序信号赋值，其赋值操作要视进程是否已被启动；后者属并行信号赋值，其赋值操作是各自独立并行发生的。

(5) 在进程中变量和信号的赋值形式与操作过程不同：

① 在变量的赋值语句中，该语句一旦被执行，其值立即被赋予变量。在执行下一条语句时，该变量的值即为上一句新赋的值。

② 在信号的赋值语句中，该语句即使被执行，其值不会使信号立即发生代入，在下一条语句执行时，仍使用原来的信号值。直到进程结束之后，所有信号赋值的实际代入才顺序进行处理。

【例 4-5】 信号与变量的使用比较。

```
--变量的使用
LIBRARY IEEE;
USE IEEE.STD_LOGIC_1164.ALL;
USE IEEE.STD_LOGIC_UNSIGNED.ALL;
ENTITY variable_exam IS
  PORT(in1, in2, in3:IN STD_LOGIC_VECTOR(3 DOWNTO 0);
        out1, out2:OUT STD_LOGIC_VECTOR(3 DOWNTO 0));
END;
ARCHITECTURE bhv OF variable_exam IS
BEGIN
PROCESS(in1, in2, in3)
VARIABLE tmp:STD_LOGIC_VECTOR(3 DOWNTO 0);
BEGIN
  tmp := in1;
  out1 <= in2+tmp;
  tmp := in3;
  out2 <= in2+tmp;
END PROCESS;
END;
```

运算结果为：

out1 <= in2+ in1; out2 <= in2+ in3

out1 与 out2 的值不同，是因为变量赋值没有延时。

```
--信号的使用
LIBRARY IEEE;
USE IEEE.STD_LOGIC_1164.ALL;
USE IEEE.STD_LOGIC_UNSIGNED.ALL;
ENTITY signal_exam IS
  PORT(in1, in2, in3:IN STD_LOGIC_VECTOR(3 DOWNTO 0);
        out1, out2:OUT STD_LOGIC_VECTOR(3 DOWNTO 0));
END;
ARCHITECTURE bhv OF   signal_exam IS
SIGNAL tmp:STD_LOGIC_VECTOR(3 DOWNTO 0);
```

BEGIN

PROCESS(in1, in2, in3)

BEGIN

  tmp <= in1;

  out1 <= in2+tmp;

  tmp <= in3;

  out2 <= in2+tmp;

END PROCESS;

END;

运算结果为：

out1 <= in2+ in3; out2 <= in2+ in3

out1 与 out2 的值相同，in1 并未引入电路，这是由于信号赋值有延时。

4.4.3 VHDL 的数据类型

VHDL 要求设计中的每一个常数、变量、信号、函数及设定的各种参数必须具有确定的数据类型。VHDL 是一种强类型语言，不允许不同类型的数值相互赋值或使用类型不允许的运算符进行运算。

1. 数据类型分类

VHDL 中的数据类型可以分成两大类：标量类型和组合类型。在实际使用中，也可分成预定义类型和用户定义类型。

1) 标准数据类型

VHDL 提供的标准数据类型有 10 种，如表 4.2 所示，在 STANDARD 程序包中。

2) 用户定义的数据类型

定义格式：

    TYPE 数据类型名 IS 数据类型定义 [of 基本数据类型]

如：

    TYPE state IS(S0, S1, S2, S3);

    TYPE byte IS amay(7 downto)of bit;

3) 用户定义子类型

定义格式：

    SUBTUPE 子类型名 IS   数据类型名 [范围]

如：

    SUBTYPE digit IS INTEGER RANGE 0 TO 9；

4) 数据类型转换

数据类型的变换函数通常由 " STD_LOGIC_1164 " ，" STD_LOGIC_ARITH " ， "STD_LOGIC_UNSIGNED" 的程序包提供。这些程序包中典型的类型变换函数如表 4.5 所示。

表 4.5　典型的类型变换函数

所属包集合	函 数 名	功　　　能
STD_LOGIC_1164 包集合	TO_STDLOGICVECT OR(A) TO_BITVECTOR(A) TO_STDLOGIC(A) TO_BIT(A)	由 BIT_VECTOR 转换为 STD_LOGIC_VECTOR 由 STD_LOGIC_VECTOR 转换为 BIT_VECTOR 由 BIT 转换为 STD_LOGIC 由 STD_LOGIC 转换为 BIT
STD_LOGIC_ARITH 包集合	CONV_STD_LOGIC_ VECTOR(A, 位长) CONV_INTEGER(A)	由 INTEGER, UNSDGNED, SIGNED 转换为 SED_LOGIC_VECTOR 由 UNSIGNED, SIGNED 转换为 INTFGER
STD_LOGIC_UN- SIGNED 包集合	CONV_INTGER(A)	由 STD_LOGIC_VECTOR 转换为 INTEGER

例如，定义信号量 a 和 b：

```
signal a: BIT_VECTOR(11 DOWNTO 0);
signal b: STD_LOGIC_VECTOR(11 DOWNTO 0);
a <= X "A8";                          --十六进制值可赋予位矢量
b <= X "A8";                          --语法错，十六进制值不能赋予 STD 矢量
b <= TO_STDLOGICVECTOR(X "AF7");
b <= TO_STDLOGICVECTOR(O "5177");    --八进制变换
b <= TO_STDLOGICVECTCR(B "1010_1111_0111");
```

2. IEEE 预定义标准逻辑位与矢量

在 IEEE 库的程序包 STD_LOGIC_1164 中，定义了两个非常重要的数据类型，即标准逻辑位 STD_LOGIC 和标准逻辑矢量 STD_LOGIC_VECTOR。

(1) 标准逻辑位 STD_LOGIC 数据类型：有以下九种取值。

U：初始值(未初始化的)。

X：不定态(强未知的)。

0：强 0。

1：强 1。

Z：高阻态。

W：弱信号不定态。

L：弱信号 0。

H：弱信号 1。

_：不可能情况(可忽略值)。

在程序中使用这些数据类型前，需加入下面的语句：

```
LIBRARY IEEE;
USE IEEE.STD_LOGIC_1164.ALL;
```

STD_LOGIC 型逻辑运算符 AND、NAND、OR、NOR、XOR、NOT 的重载函数及两

个转换函数，用于 BIT 和 STD_LOGIC 的相互转换。

(2) 标准逻辑矢量(STD_LOGIC_VECTOR)数据类型：字符放在单引号中。

(3) 数组类型：包括限定性数组和非限定性数组。

数组可以是一维(每个元素只有一个下标)数组或多维数组(每个元素有多个下标)。

限定性数组定义语句格式如下：

      TYPE 数组名 IS ARRAY (数组范围) OF 数据类型;

例如：

      TYPE data_bus IS ARRAY (7 DOWNTO 0) OF STD_LOGIC;

非限制性数组的定义语句格式如下：

      TYPE 数组名 IS ARRAY (数组下标名 RANGE<>) OF 数据类型;

例如：

      TYPE BIT_VECTOR IS ARRAY(NATURAL　RANGE<>) OF BIT;

      VARABLE VA: BIT_VECTOR(1 TO 6); --将数组取值范围定在 1～6，注意数组范围中的排序方式

4.4.4　VHDL 的操作符

操作符是用来规定运算方式的。一般有四类操作符，即逻辑操作符(Logical Operator)、关系操作符(Relational Operator)、算术操作符(Arithmetic Operator)和符号操作符(Sign Operator)，前三类操作符是完成逻辑和算术运算的最基本的操作符的单元。此外还有重载操作符(Overloading Operator)，它是对基本操作符做了重新定义的函数型操作符。

VHDL 常用操作符的分类、功能和适用的操作数类型如表 4.6 所示。

表 4.6　VHDL 常用操作符列表

运算操作类型	操作符	功　能	操作数的数据类型
逻辑运算符 (Logical Operator)	AND	逻辑与	BIT、BOOLEAN 和 STD_LOGIC
	OR	逻辑或	BIT、BOOLEAN 和 STD_LOGIC
	NOT	逻辑非	BIT、BOOLEAN 和 STD_LOGIC
	NAND	逻辑与非	BIT、BOOLEAN 和 STD_LOGIC
	NOR	逻辑或非	BIT、BOOLEAN 和 STD_LOGIC
	XOR	逻辑异或	BIT、BOOLEAN 和 STD_LOGIC
	NXOR	逻辑同或	BIT、BOOLEAN 和 STD_LOGIC
关系运算符 (Relational Operator)	=	等号	任何数据类型
	/=	不等号	任何数据类型
	<	小于	枚举与整数类型，及对应的一维数组
	>	大于	枚举与整数类型，及对应的一维数组
	<=	小于等于	枚举与整数类型，及对应的一维数组
	>=	大于等于	枚举与整数类型，及对应的一维数组

续表

运算操作类型	操作符	功 能	操作数的数据类型
算术运算符 (Arithmetic Operator)	+	加	整数
	−	减	整数
	&	并置	一维数组
	*	乘	整数和实数(包括浮点数)
	/	除	整数和实数(包括浮点数)
	MOD	求模	整数
	REM	取余	整数
	SLL	逻辑左移	BIT 或 BOOLEAN 一维数组
	SRL	逻辑右移	BIT 或 BOOLEAN 一维数组
	SLA	算术左移	BIT 或 BOOLEAN 一维数组
	SRA	算术右移	BIT 或 BOOLEAN 一维数组
	ROL	逻辑循环左移	BIT 或 BOOLEAN 一维数组
	ROR	逻辑循环右移	BIT 或 BOOLEAN 一维数组
	**	乘方(指数)	整数
	ABS	取绝对值	整数
符号运算符 (Sign Operator)	+	正	整数
	−	负	整数

在 VHDL 中，各类运算符的优先级是不同的。在同一表达式中，不同运算符优先级即参与运算时的运算次序关系。各类运算符的优先级如表 4.7 所示。

表 4.7　VHDL 运算符优先级

运 算 符	优 先 级
NOT、ABS、**	最高优先级 ⇧ 最低优先级
*、/、MOD、REM	
+(正号)、− (负号)	
+、−、&	
SLL、SLA、SRL、SRA、ROL、ROR	
=、/=、<、<=、>、>=	
AND、OR、NAND、NOR、XOR、XNOR	

本 章 小 结

VHDL 程序由实体(Entity)、结构体(Architecture)、库(Library)、程序包(Package)和配

置(Configuration)5 个部分组成。实体、结构体和库共同构成 VHDL 程序的基本组成部分，程序包和配置则可根据需要选用。库语句是用来定义程序中要用到的元件库，程序包用来定义使用哪些自定义元件库，配置用来选择实体的多个结构体的哪一个被使用。

一个实体可以使用行为描述、数据流描述和结构描述三种不同的方式进行描述。行为描述反映一个设计的功能或算法；数据流描述反映一个设计中数据从输入到输出的流向，使用并行语句描述；结构描述反映一个设计的硬件特征，表达内部元件间的连接关系，使用元件例化语句描述。

VHDL 的语言要素是硬件描述语言的基本结构元素，主要有文字规则、数据对象(Data Object，简称 Object)、数据类型(Data Type，简称 Type)、各类操作数(Operands)及运算操作符(Operator)。数据对象包括变量(VARIABLE)、信号(SIGNAL)和常量(CONSTANT)三种。VHDL 的各类数据对象有各自的功能，应掌握各类数据对象在 VHDL 程序中的使用方法；VHDL 数据类型是进行 VHDL 程序设计的基础，要深刻理解各类数据类型，特别是常用数据类型的定义和使用规范；运算符的主要用途是 VHDL 进行功能描述，应掌握各类运算符的使用规则，注意数据类型使用时必须匹配。

习　　题

一、填空题

1. HDL 主要有(　　)、(　　)、(　　)、(　　)四种。

2. VHDL 的 IEEE 标准为(　　)。

3. 一个完整的 VHDL 程序通常包括(　　)、(　　)、(　　)、(　　)四部分。

4. VHDL 实体由(　　)、(　　)、(　　)、(　　)组成。

5. VHDL 结构体由(　　)、(　　)组成。

6. VHDL 的库可以分为(　　)、(　　)和资源库。

7. 程序包是一种使包体中的(　　)、(　　)和类型说明，对其他设计单元"可见"、可调用的设计单元。

8. VHDL 标识符有(　　)、(　　)两种。

9. VHDL 中的对象是指(　　)、(　　)、(　　)、(　　)。

10. VHDL 定义的基本数据类型包括(　　)、(　　)、(　　)、(　　)、(　　)、(　　)、(　　)、(　　)、(　　)、(　　)十种。

11. 类属参数常用来规定(　　)、(　　)、(　　)等。

二、选择题

1. VHDL 中一个设计实体(电路模块)包括实体和结构体两部分，结构体描述(　　)。

A. 部特性　　　　　　　　　　　　B. 综合约束

C. 件的外部特性和内部功能　　　　D. 件的内部功能

2. 一个实体可以拥有一个或多个(　　)。

A. 设计实体　　　　B. 结构体　　　　C. 输入或输出端口

3. 在 VHDL 中用(　　)来把特定的结构体关联到一个确定的实体。

A. 输入　　　　　　　　　　　　　B. 输出

C. 综合　　　　　　　　　　　　　D. 配置

4. (　　　)存放各种设计模块都能共享的数据类型、常数和子程序等。

A. 实体　　　　　　　　　　　　　B. 结构体

C. 程序包　　　　　　　　　　　　D. 库

5. (　　　)用于从库中选取所需单元组成系统设计的不同版本。

A. 实体　　　　　　B. 结构体　　　　　　C. 程序包　　　　　　D. 库

6. (　　　)一般用于大多数顶层 VHDL，以便与以前编辑过的设计相连接。它表示构成系统的元件以及它们之间的相互连接。

A. 数据流型结构体　　B. 结构型结构体　　C. 行为型结构体　　D. 混合型结构体

7. 在下列标识符中，(　　　)是 VHDL 合法的标识符。

A. 4h_add　　　　　B. h_adde_　　　　　C. h_adder　　　　　D. _h_adde

8. 在下列标识符中，(　　　)是 VHDL 错误的标识符。

A. 4h_add　　　　　B. h_adde4　　　　　C. h_adder_4　　　　D. _h_adde

9. 下面的 4 个图形(　　　)是正确表示 INOUT 结构的。

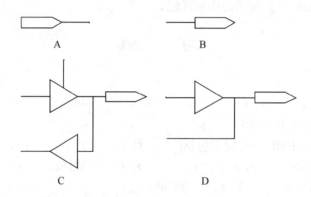

三、程序填空题

1. 在下面横线上填上合适的 VHDL 关键词，完成二选一多路选择器的设计。

```
LIBRARY IEEE;
USE IEEE.STD_LOGIC_1164.ALL;
_____MUX21   IS
PORT(SEL:IN STD_LOGIC;
      A, B:IN STD_LOGIC;
       Q: OUT STD_LOGIC );
END MUX21;
_____BHV OF MUX21 IS
BEGIN
    Q <= A WHEN SEL = '1'   ELSE    B;
END BHV;
```

2. 在下面横线上填上合适的语句，完成一个逻辑电路的设计。

其布尔方程为 Y = (A + B)(C⊙D) + (B⊕F)。

LIBRARY IEEE;

USE IEEE.STD_LOGIC_1164.ALL;

ENTITY COMB IS

PORT(A, B, C, D, E, F: IN STD_LOGIC;

Y: OUT　STD_LOGIC);

END COMB;

ARCHITECTURE ONE OF COMB IS

BEGIN

Y <= (A OR B) AND (C_____D) OR (B_____F);

END ARCHITECTURE ONE;

3. 在下面横线上填上合适的语句，完成数据选择器的设计。

LIBRARY IEEE;

USE IEEE.STD_LOGIC_1164.ALL;

ENTITY MUX16 IS

PORT(D0, D1, D2, D3: IN STD_LOGIC_VECTOR(15 DOWNTO 0);

　　　　SEL:　IN STD_LOGIC_VECTOR(_____DOWNTO 0);

　　　　Y:　OUT STD_LOGIC_VECTOR(15 DOWNTO 0));

END;

ARCHITECTURE ONE OF MUX16 IS

BEGIN

WITH_____SELECT

Y　<=　D0　WHEN "00",

　　　D1　WHEN "01",

　　　D2　WHEN "10",

　　　D3　WHEN_____;

END;

4. 在下面横线上填上合适的语句，完成计数器的设计。

说明：设电路的控制端均为高电平有效，时钟端为 CLK，电路的预置数据输入端为 4 位 D，计数输出端为 4 位 Q，带同步始能 EN、异步复位 CLR 和预置控制 LD 的六进制减法计数器。

LIBRARY IEEE;

USE IEEE.STD_LOGIC_1164.ALL;

USE IEEE.STD_LOGIC_ARITH.ALL;

USE IEEE.STD_LOGIC_UNSIGNED.ALL;

ENTITY CNT6 IS

　PORT(EN, CLR, LD, CLK:IN STD_LOGIC;

　　　　D: IN STD_LOGIC_VECTOR(3 DOWNTO 0);

　　　　Q:OUT STD_LOGIC_VECTOR(3 DOWNTO 0));

END CNT6;

```
ARCHITECTURE BEHA OF CNT6 IS
  SIGNAL QTEMP:STD_LOGIC_VECTOR(3 DOWNTO 0);
  BEGIN
    PROCESS(CLK, CLR, LD)
    BEGIN
      IF CLR = '1'THEN       QTEMP <= "0000";              --CLR=1 清零
      ELSIF (CLK 'EVENT AND CLK = '1') THEN                --判断是否为上升沿
          IF LD = '1' THEN         QTEMP <= _____;   --判断是否置位
        ELSIF EN = '1' THEN                                --判断是否允许计数
          IF QTEMP = "0000" THEN QTEMP <= _____;     --等于 0，计数值置 5
          ELSE QTEMP <= _____;                       --否则，计数值减 1
          END IF;
          END IF;
        END IF;
      Q <= QTEMP;
    END PROCESS;
  END BEHA;
```

5. 在下面横线上填上合适的语句，完成 4—2 优先编码器的设计。

```
LIBRARY IEEE;
USE IEEE.STD_LOGIC_1164.ALL;
ENTITY CODE4 IS
  PORT(A, B, C, D: IN STD_LOGIC;
        Y0, Y1: OUT STD_LOGIC);
END CODE4;
ARCHITECTURE CODE4 OF CODE4 IS
SIGNAL DDD:STD_LOGIC_VECTOR(3 DOWNTO 0);
SIGNAL Q:STD_LOGIC_VECTOR(_____DOWNTO 0);
BEGIN
  DDD <= _____;
  PROCESS(DDD)
  BEGIN
    IF (DDD(0) = '0') THEN       Q <= "11";
    ELSIF (DDD(1) = '0') THEN    Q <= "10";
    ELSIF(DDD(2) = '0') THEN     Q <= "01";
    ELSE        Q <= "00";
    END IF;
  _____;
  Y1 <= Q(0);       Y0 <= Q(1);
END CODE4;
```

实 训 项 目

❖❖❖❖❖　**实训一　应用 Quartus Ⅱ 完成基本组合电路设计**　❖❖❖❖❖

一、实训目的

(1) 熟悉 Quartus Ⅱ 的 VHDL 文本设计流程全过程。

(2) 学习简单组合电路的设计、多层次电路设计、仿真和硬件测试方法。

二、实训仪器

(1) EDA 技术实训开发系统实训箱一台。

(2) PC 一台。

三、实训内容

首先利用 Quartus Ⅱ 完成二选一多路选择器的文本编辑输入(mux21a.vhd)和仿真测试等步骤，给出如图 4.7 所示的仿真波形。最后在实训系统上进行硬件测试，验证本项设计的功能。

将此多路选择器看成是一个元件 MUX21A，利用元件例化语句描述图 4.6，并将此文件放在同一目录中。以下是部分参考程序：

```
...
COMPONENT MUX21A
    PORT (a，b，s：  IN  STD_LOGIC;
          y：  OUT STD_LOGIC);
END COMPONENT;
...
    u1: MUX21A PORT MAP(a => a2，b => a3，s => s0，y => tmp);
    u2: MUX21A PORT MAP(a => a1，b => tmp，s => s1，y => outy);
  END ARCHITECTURE BHV ;
--二选一多路选择器程序代码：mux21a.vhd
ENTITY MUX21A IS
  PORT ( a, b, s: IN  BIT;
         y : OUT BIT );
END ENTITY MUX21A;
ARCHITECTURE one OF MUX21A IS
 BEGIN
   PROCESS (a, b, s)
BEGIN
     IF s = '0'  THEN   y <= a; ELSE y <= b;
END IF;
```

END PROCESS;

END ARCHITECTURE one;

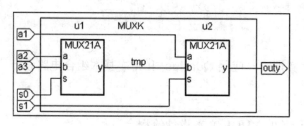

图 4.6　双二选一多路选择器

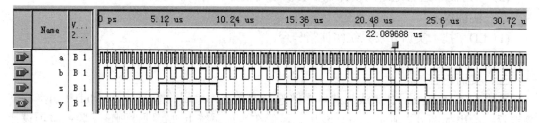

图 4.7　MUX21A 功能时序波形

按照本章给出的步骤对该实训项目分别进行编译、综合、仿真，并对其仿真波形做出分析说明。

进行引脚锁定以及硬件下载测试时，若选择目标器件是 EP1C6，建议选用附录 1 的实训电路结构图 N0.5，用键 1(PIO0，引脚号为 233)控制 s0，用键 2(PIO1，引脚号为 234)控制 s1，a3、a2 和 a1 分别接 CLOCK5(引脚号为 152)、CLOCK0(引脚号为 28)和 CLOCK2(引脚号为 153)，输出信号 outy 仍接扬声器 SPEAKER(引脚号为 174)。通过短路帽选择 CLOCK0 接 256 Hz 信号，CLOCK5 接 1024 Hz 信号，CLOCK2 接 8 Hz 信号。最后进行编译、下载和硬件测试实训(通过选择键 1、键 2，控制 s0、s1，可使扬声器输出不同音调)。

四、实训步骤

(1) 文本编辑输入。

(2) 仿真测试。

(3) 引脚锁定。

(4) 硬件下载测试。

五、实训报告内容

根据以上实训内容写出实训报告，包括程序设计、软件编译、仿真分析、硬件测试和详细实训过程；给出程序分析报告、仿真波形图及其分析报告。

六、思考题

根据本实训提出的各项实训内容及要求，设计一位全加器。

✦✦✦✦✦✦　**实训二　应用 Quartus Ⅱ完成基本时序电路的设计**　✦✦✦✦✦✦

一、实训目的

(1) 熟悉 Quartus Ⅱ的 VHDL 文本设计过程。

(2) 学习简单时序电路的设计、仿真和测试方法。

二、实训仪器

(1) EDA 技术实训开发系统实训箱一台。

(2) PC 一台。

三、实训内容

1. 实训内容 1

设计触发器，给出程序设计、软件编译、仿真分析、硬件测试及详细实训过程。

参考代码如下：

```
LIBRARY IEEE ;
USE IEEE.STD_LOGIC_1164.ALL ;
ENTITY DFF1 IS
  PORT (CLK: IN STD_LOGIC;
          D:IN STD_LOGIC;
          Q:OUT STD_LOGIC);
  END;
  ARCHITECTURE bhv OF DFF1 IS
  SIGNAL Q1: STD_LOGIC;   --类似于在芯片内部定义一个数据的暂存节点
  BEGIN
    PROCESS (CLK, Q1)
      BEGIN
       IF   CLK′ EVENT AND CLK = '1'  THEN   Q1 <= D;
       END IF;
       END PROCESS;
  Q <= Q1;                  --将内部的暂存数据向端口输出
  END bhv;
```

2. 实训内容 2

设计锁存器，给出程序设计、软件编译、仿真分析、硬件测试及详细实训过程。

参考代码如下：

```
...
PROCESS (CLK，D)   BEGIN
    IF   CLK  = '1'              --电平触发型寄存器
    THEN   Q <= D;
    END IF;
END PROCESS;
```

3. 实训内容 3

只用一个 1 位二进制全加器为基本元件和一些辅助的时序电路，设计一个 8 位串行二进制全加器，要求：

(1) 能在 8 至 9 个时钟脉冲后完成 8 位二进制数(加数被加数的输入方式为并行)的加法运算，电路需考虑进位输入 Cin 和进位输出 Cout。

(2) 给出此电路的时序波形，讨论其功能，并就工作速度与并行加法器进行比较。

(3) 在 FPGA 中进行实测。对于 GW48 EDA 实训系统，建议选择附录 1 的实训电路结构图 N0.1，键 2、键 1 输入 8 位加数，键 4、键 3 输入 8 位被加数，键 8 作为手动单步时钟输入，键 7 控制进位输入 Cin，键 9 控制清 0，数码 6 和数码 5 显示相加和，发光管 D1 显示溢出进位 Cout。

(4) 键 8 作为相加起始控制，同时兼任清 0；工作时钟由 CLOCK0 自动给出。每当键 8 发出一次开始相加命令时，电路即自动相加，结束后停止工作，并显示相加结果。就外部端口而言，与纯组合电路 8 位并行加法器相比，此串行加法器仅多出一个加法起始/清 0 控制输入和工作时钟输入端。(提示：此加法器有并/串和串/并移位寄存器各一个)。

四、实训步骤

(1) 文本编辑输入。

(2) 仿真测试。

(3) 引脚锁定。

(4) 硬件下载测试。

五、实训报告内容

(1) 分析比较实训内容 1 和实训内容 2 的仿真和实测结果，说明这两种电路的异同点。详述实训内容 3。

(2) 根据以上的实训内容写出实训报告，包括程序设计、软件编译、仿真分析、硬件测试和详细实训过程；给出程序分析报告、仿真波形图及其分析报告。

六、思考题

比较实训内容 1 和实训内容 2 的仿真和实测结果，说明这两种电路的异同点。

第 5 章　VHDL 语句

　　VHDL 语句按功能可分为：赋值语句、数据流控制语句(转向控制语句)、模块化设计语句、仿真语句等。

　　用 VHDL 描述系统硬件行为时，按照语句的执行方式特点有两大基本描述语句：顺序语句(Sequential Statements)和并行语句(Concurrent Statements)(见表 5.1)。并行语句是所有 HDL 语句区别于一般高级编程语言的最显著特点。所有并行语句在结构体中的执行都是同时执行的，执行顺序与书写顺序无关。顺序语句是相对于并行语句而言的，顺序语句只在进程、函数和过程内部使用，且执行顺序与书写顺序有关，但请注意，其对应的硬件结构工作方式未必如此。

表 5.1　VHDL 的并行语句和顺序语句

序号	并 行 语 句	顺 序 语 句
1	并行信号赋值语句	赋值语句
2	进程语句 PROCESS	流程控制语句 IF，CASE，LOOP，NEXT，EXIT
3	块语句 BLOCK	等待语句 WAIT
4	元件例化语句 MAP	子程序调用语句 PROCEDURE，FUNTION
5	生成语句 GENERATE	返回语句 RETURN
6	并行过程调用语句	空操作语句 NULL

5.1　顺 序 语 句

　　顺序语句用于描述进程或子程序的内部功能，只能出现在进程(PROCESS)、子程序(过程(PROCEDURE)和函数(FUNCTION))中，用来定义进程或子程序的算法。它可以进行算术/逻辑运算、信号和变量的赋值、子程序调用、条件控制和迭代。其特点与传统的计算机编程语句类似，是按程序书写的顺序自上而下、一条一条地执行的。利用顺序语句可以描述数字逻辑系统中的组合逻辑电路和时序逻辑电路。VHDL 的顺序语句有赋值语句、流程控制语句、等待语句、子程序调用/返回语句、断言/空操作语句等几类，其中流程控制语句又有多种类型。

　　顺序语句的特点：

　　(1) 语句的执行(仿真)顺序与它们的书写顺序基本一致。

　　(2) 顺序语句只能出现在进程或子程序中。

　　(3) VHDL 语言的软件行为和综合后的硬件行为之间是有差异的。

5.1.1 赋值语句

赋值语句的功能是将一个值或表达式的运算结果传递给某一数据对象。如：变量、信号或由此组成的数组。VHDL 设计实体内的数据传递以及端口数据的读写都是通过它的运行实现的。

赋值目标与赋值源的数据类型必须严格一致。

1. 变量赋值语句

变量赋值语句的语法格式如下：

  目标变量名 := 赋值源(表达式);

例如：

  x := 5.0;

变量赋值语句的特点：

(1) VHDL 中变量赋值限定在进程、函数和过程等顺序区域内。

(2) 变量赋值符号为 ":="。该符号也用于给任何对象赋初始值，包括变量、信号、常量和文件。

(3) 变量赋值无时间特性。赋值是立即发生的，即是一种时间延迟为零的赋值行为。

(4) 变量值具有局部性。在进程中，变量的适用范围在进程之内。若将变量用于进程之外，需将该值赋给一个相同类型的信号，即进程之间只能靠信号传递数据。

2. 信号赋值语句

信号赋值语句的语法格式如下：

  目标信号名 <= 赋值源;

例如：

  y <= '1';

说明：该语句若出现在进程或子程序中则是顺序语句,若出现在结构体中则是并行语句。

信号赋值语句的特点：

(1) 信号赋值符号 "<=" 两边的信号变量的类型和位长度应该一致。

(2) 信号具有全局性特征。信号的赋值并不是立即发生的，它发生在一个进程结束时。赋值过程总是有延时的。

(3) 在信号赋值中，当在同一进程中，同一信号赋值目标有多个赋值源时，信号赋值目标获得的是最后一个赋值源的赋值，其前面相同的赋值目标则不做任何变化。

3. 数组元素赋值

数组元素赋值的语法格式：

  数组元素 <= (或 :=)赋值源;

根据定义的数组类型选择用 "<=" 还是 ":="，数组元素赋值可以单独给一个元素赋值，也可以给多个元素赋值，也允许相同长度的数组之间赋值。

例如：

  SIGNAL a, b:STD LOGIC VECTOR(1 TO 4); a <= "1101";

  a(1 TO 2) <= "10";

a(1 TO 2) <= b(2 TO 3);

5.1.2　IF 语句

IF 语句是具有条件控制功能的语句，它通过判断给出的条件是否成立来决定语句是否执行。IF 语句不仅可以用于选择器的设计，还可用于比较器、译码器等需要进行条件控制的逻辑电路设计。在 IF 语句的条件表达式中只能使用关系运算操作(如 =、/=、<、>、<=、>=)及逻辑运算操作的组合表达式。

1．IF 语句的三种形式

(1) 第一种 IF 语句结构(门闩控制语句)。

其语句格式如下：

```
IF   条件   THEN
    顺序语句
END IF;
```

【例 5-1】 IF 语句结构示例。

```
IF (a = '1') THEN
    c <= b;
END IF;
```

【例 5-2】 D 触发器的 VHDL 描述。

```
LIBRARY IEEE;
USE IEEE.STD_LOGIC_1164.ALL;
ENTITY dff1 IS
  PORT(D: IN STD_LOGIC;
        clock:IN STD_LOGIC;
        Q:OUT STD_LOGIC);
END dff1;
ARCHITECTURE behv OF dff1 IS
  BEGIN
  PROCESS(clock)
      BEGIN
      IF(clock = '1' AND clock' event)THEN    --当时钟上升沿时
          Q <= D;
      END IF;                                  --其他情况保持不变
  END PROCESS;                                 --无 ELSE 部分，综合时生成一个寄存器的结构
END behv;
```

(2) 第二种 IF 语句结构(二选一控制语句)。

其语句格式如下：

```
IF   条件   THEN
    顺序语句
```

```
    ELSE
        顺序语句
    END IF;
```

【例 5-3】 二选一数据选择器的 VHDL 描述。

```
    ENTITY mux21 IS
    PORT(a, b, s: IN BIT;
            y:OUT BIT);
    END ENTITY mux21;
    ARCHITECTURE one OF mux21 IS
    BEGIN
        PROCESS(a, b, s)
        BEGIN
            IF s = '0' THEN y <= a;
            ELSE y <= b;
            END IF;
        END PROCESS;
    END ARCHITECTURE one;
```

(3) 第三种 IF 语句结构(多选择控制语句)。

语句格式如下：

```
    IF  条件 1 THEN
        顺序执行语句
    ELSIF  条件 2 THEN
        顺序执行语句
            ...
    ELSIF  条件 n THEN
        顺序执行语句
    END IF;
```

程序执行到该语句时，先判断条件 1 是否满足，若条件 1 满足则执行顺序语句 1 并结束整个 IF 语句。若条件 1 不成立，则判断条件 2，条件 2 满足时执行顺序语句 2 并结束整个 IF 语句。依此类推，当所有条件都不成立时，则执行顺序语句 n。

【例 5-4】 四选一数据选择器的 VHDL 描述。

```
    LIBRARY IEEE;
        USE IEEE.STD_LOGIC_1164.ALL;
        ENTITY mux4 IS
    PORT(input: IN STD_LOGIC_VECTOR(3 DOWNTO 0);
            sel: IN STD_LOGIC_VECTOR(1 DOWNTO 0);
                q: OUT STD_LOGIC);
        END mux4;
        ARCHITECTURE rt1 OF mux4 IS
```

```
    BEGIN
    nn: PROCESS(input, sel)
        BEGIN
        IF (sel = '00') THEN
        q <= input(0);
      ELSIF (sel = '01') THEN
        q <= input(1);
        ELSIF (sel = '10') THEN
        q <= input(2);
      ELSE
        q <= input(3);
    ENDIF;
    END PROCESS nn;
    END rt1;
```

2．IF 语句的特点

(1) 每个 IF 语句必须有一个对应的"END IF;"。

(2) IF 语句中的条件值必须是布尔类型(通过关系运算符和逻辑运算符组成的条件表达式)，即 TRUE(条件成立)或 FALSE(条件不成立)。

(3) IF 语句是顺序执行的，不仅能实现条件分支处理，而且在条件判断上有先后顺序(越靠前的条件优先级越高)，因此特别适合处理含有优先级的电路描述。

(4) IF 语句描述组合逻辑电路时，必须在所有条件下都指定输出值，否则在电路综合时会产生不必要的锁存器。

5.1.3 CASE 语句

CASE 语句是一种条件控制语句，根据满足的条件直接选择多项顺序语句中的一项执行。

1．CASE 语句的结构

语句格式如下：

```
    CASE   条件表达式   IS
    WHEN    选择值 => 顺序语句;
    WHEN    选择值 => 顺序语句;
     …
    [ WHEN    OTHERS => 顺序语句; ]
END   CASE;
```

当"选择值"取值满足指定的"条件表达式"值时，程序将执行后跟的由" => "指定的顺序处理语句，最后结束 CASE 语句。

WHEN 选择值可以有以下四种不同的表达方式：

(1) 单个普通数值，即形如 WHEN 选择值 => 顺序语句。如 4。

(2) 数值选择范围，即形如 WHEN 值 TO 值 => 顺序语句。如(2 TO 4) 表示取值为

2、3、4。

(3) 并列数值，即形如 WHEN 值/值/值 => 顺序语句。如 3 | 5 表示取值为 3 或者 5。

(4) 混合方式，以上三种方式的混合。

说明：条件句中的" => "不是操作符，它只相当于 THEN 的作用。

【例 5-5】 CASE 语句描述四选一数据选择器。

```
LIBRARY IEEE;
USE IEEE.STD LOGIC 1164.ALL
ENTITY mux41 IS
PORT(s1, s2:IN STD LOGIC;
        a, b, c, d:  IN STD LOGIC;
        z:OUT STD LOGIC);
END mux41;
ARCHITECTURE example3 OF mux41 IS
    SIGNAL s:  STD LOGIC VECTOR(1 DOWNTO 0);
BEGIN
  s <= s1&s2;
   PROCESS(s1, s2, a, b, c, d)
     BEGIN
     CASE s IS
        WHEN    "00" => z <= a;
        WHEN    "01" => z <= b;
        WHEN    "10" => z <= c;
        WHEN    "11" => z <= d;
        WHEN OTHERS => z <= "X";
     END CASE;
   END PROCESS;
END example3;
```

使用 CASE 语句需注意以下几点：

(1) 条件句中的选择值必须在表达式的取值范围内。

(2) 除非所有条件句中的选择值能完整覆盖 CASE 语句中表达式的取值，否则最末一个条件句中的选择必须用"OTHERS"表示，它代表已给的所有条件句中未列出的其他可能的取值。

(3) CASE 语句中每一条语句的选择值只能出现一次，即不能有相同选择值的条件语句出现。

(4) CASE 语句执行中必须选中，且只能选中所列条件语句中的一条。这表明 CASE 语句中至少要包含一个条件语句。

2. CASE 语句的特点

(1) CASE 语句的条件选择值必须在表达式的取值范围。

(2) CASE 语句的条件选择值必须涵盖"表达式"的所有取值。

(3) CASE 语句的可用 OTHERS 来表示所有相同操作的选择，但 OTHERS 只能出现一次，且只能最后出现。

(4) CASE 语句中 WHEN 子句间可以颠倒次序而不发生错误。

3. CASE 语句和 IF 语句的区别

CASE 语句和 IF 语句均为条件控制语句，CASE 语句与 IF 语句的多选择控制形式类似，但二者有所不同。

(1) 在 IF 语句中，先处理最初的条件，如果不满足，再处理下一个条件；而在 CASE 语句中，各个选择值不存在先后顺序，所有值是并行处理的。可以理解为 CASE 语句各分支间没有优先性，而 IF 语句各分支间有优先性。例如，利用上述特性，可以使用 IF 语句实现优先编码器，而用 CASE 语句实现普通编码器。

(2) IF 语句描述功能更强，有些 CASE 语句不能描述的内容(如描述含有优先级的内容或无关项)，而 IF 语句则可以描述。CASE 语句的优点是描述比 IF 语句更直观，很容易找出条件和动作的对应关系，经常用来描述总线、编码和译码等行为。

(3) 相同的逻辑功能综合后，用 CASE 语句描述的电路比用 IF 语句描述的电路耗用更多的硬件资源；而且对于有的逻辑，CASE 语句无法描述，只能用 IF 语句来描述，这是因为 IF-THEN-ELSIF 语句具有条件相与的功能和自然将逻辑值"-"包括进去的功能，有利于逻辑化简，而 CASE 语句只有条件相或的功能。

【例 5-6】　CASE 语句实现 8—3 编码器。

```
library ieee;
use ieee.std_logic_1164.all;
entity encoder is
    port(input: in std_logic_vector(7 downto 0);
                y: out std_logic_vector(2 downto 0));
end encoder;
architecture behave of encoder is
begin
process(input)
begin
  case input is
    when "01111111" => y <= "111";
    when "10111111" => y <= "110";
    when "11011111" => y <= "101";
    when "11101111" => y <= "100";
    when "11110111" => y <= "011";
    when "11111011" => y <= "010";
    when "11111101" => y <= "001";
    when "11111110" => y <= "000";
```

```vhdl
            when others => y <= "xxx";
        end case;
      end process;
    end behave;
```

【例 5-7】 IF-THEN-ELSIF 语句实现 8—3 优先编码器。

```vhdl
    Library ieee;
    use ieee.std_logic_1164.all;
    entity prior is
     port( input: in std_logic_vector(7 downto 0);
             y: out std_logic_vector(2 downto 0));
     end prior;
    architecture be_prior of prior is
    begin
      process(input)
      begin
        if(input(0) = '0') then
            y <= "111";
        elsif (input(1) = '0') then
            y <= "110";
        elsif (input(2) = '0') then
            y <= "101";
        elsif (input(3) = '0') then
            y <= "100";
        elsif (input(4) = '0') then
            y <= "011";
        elsif (input(5) = '0') then
            y <= "010";
        elsif (input(6) = '0') then
            y <= "001";
        else
            y <= "000";
        end if;
      end process;
    end be_prior;
```

5.1.4 LOOP 语句

LOOP 语句是循环语句，它是所包含的一组顺序语句被循环执行，其执行次数可由设定的循环参数决定。

LOOP 语句有三种常见的格式：LOOP、FOR LOOP、WHILE LOOP。在对 FOR LOOP 语句和 WHILE LOOP 语句的综合上，现在大多数 EDA 工具都能对 FOR LOOP 语句进行综合，而对 WHILE LOOP 语句只有一些高级的 EDA 工具才能综合。因此，设计人员往往采用 FOR LOOP 语句进行可综合设计，而不采用 WHILE LOOP 语句。

(1) 单个 LOOP 语句。

其语句格式如下：

```
[ LOOP 标号:] LOOP
   顺序语句;
END LOOP [ LOOP 标号];
```

这种循环方式是最简单的语句形式，需引入其他控制语句(如 EXIT 语句)后才能确定；"LOOP 标号"为可选项。

【例 5-8】 LOOP 语句结构示例。

```
...
L2:LOOP
  a := a+1;
  EXIT L2 WHEN a>10;
END LOOP L2;

...
```

此程序的循环方式由 EXIT 语句确定，当 a > 10 时结束循环，执行 a := a+1。

(2) FOR LOOP 语句。

其语句格式如下：

```
[LOOP 标号:] FOR 循环变量 IN 循环次数范围 LOOP
   顺序语句;
END LOOP [LOOP 标号];          --重复次数已知
```

【例 5-9】 FOR LOOP 语句结构示例。

```
ASUM: FOR i IN 1 TO 9   LOOP
  Sum := sum +1;
END LOOP ASUM;
```

此程序中 FOR 后的循环变量是一个临时变量，属 LOOP 语句的局部变量，不必先定义。这个变量只能作为赋值源，不能被赋值，它由 LOOP 语句自动定义。使用时应注意，在 LOOP 语句范围内不要再使用其他与此循环变量同名的标识符。

FOR LOOP 语句用于描述规定次数的循环，循环次数范围规定 LOOP 语句中的顺序语句被执行的次数。循环变量从循环次数范围的初值开始，每执行一次顺序语句后递增 1，直到循环次数范围指定的最大值。LOOP 循环的范围最好以常数表示，否则，在 LOOP 循环体内的逻辑可以重复任何可能的范围，这样将导致耗费过大的硬件资源，综合器不支持没有约束条件的循环。

【例 5-10】 FOR LOOP 语句实现 8 位奇偶校验电路(见图 5.1)。

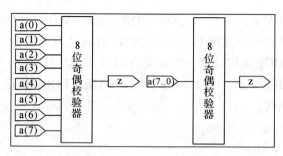

图 5.1   8 位奇偶校验电路

```
LIBRARY IEEE;
USE IEEE.STD_LOGIC_1164.ALL;
ENTITY pc IS
    PORT(a : IN STD_LOGIC_VECTOR(7 DOWNTO 0);
            y : OUT STD_LOGIC);
END pc;
ARCHITECTURE behave OF pc IS
BEGIN
cbc: PROCESS(a)
    VARIABLE tmp: STD_LOGIC;
    BEGIN
      Tmp := '0';
      FOR i IN 0 TO 7 LOOP
        tmp := tmp XOR a(i);
      END LOOP;
        y <= tmp;
      END PROCESS cbc;
    END behave;
```

LOOP 语句可以用作简化同类顺序语句的表达方式。

【例 5-11】 请看以下示例。

```
SIGNAL a, b, c:STC_LOGIC_VECTOR(1 TO 3);
a(1) <= b(1) AND c(1);
a(2) <= b(2) AND c(2);
a(3) <= b(3) AND c(3);
```

其中的 3 个信号赋值操作可以用下面的 LOOP 语句替代。

```
FOR n IN 1 TO 3 LOOP
  a(n) <= b(n) AND c(n);
END LOOP;
```

(3) WHILE LOOP 语句。

其语句格式如下：

```
[标号:] WHILE  循环控制条件  LOOP
```

　　　　顺序语句

　　END LOOP [标号];　　--重复次数未知

【例 5-12】　WHILE LOOP 语句结构示例。

　　　I := 1;

　　　sum := 0

　　　abcd: WHILE (I<10) LOOP

　　　　　sum := I+sum;

　　　　　I := I+1;

　　　END LOOP abcd;

WHILE LOOP 语句用于描述符合条件的循环。

【例 5-13】　WHILE LOOP 语句实现 8 位奇偶校验电路。

　　　LIBRARY IEEE;

　　　USE IEEE.STD_LOGIC_1164.ALL;

　　　ENTITY pc IS

　　　　　PORT(a: IN STD_LOGIC_VECTOR(7 DOWNTO 0);

　　　　　　　　y: OUT STD_LOGIC);

　　　END pc;

　　　ARCHITECTURE behave OF pc IS

　　　BEGIN

　　　cbc:PROCESS(a)

　　　　　VARIABLE tmp: STD_LOGIC;

　　　　　BEGIN

　　　　　　tmp := '0';

　　　　　　i := 0;

　　　　　　WHILE (i<8) LOOP

　　　　　　　tmp := tmp XOR a(i);

　　　　　　i = i+1;

　　　　　END LOOP;

　　　　　y <= tmp;

　　　　END PROCESS cbc;

　　　END behave;

5.1.5　NEXT 语句

　　NEXT 语句主要用在 LOOP 语句执行中有条件的或无条件的转向控制，用于控制内循环的结束。它的语句格式有三种。

　　(1) 第一种语句格式如下：

　　　NEXT;

　　第一种语句格式，无条件结束本次循环。当执行 NEXT 语句时，即刻无条件终止当前的循环，跳回到本次循环 LOOP 语句开始处，开始下一次循环。

(2) 第二种语句格式如下：

NEXT LOOP 标号;

第二种语句格式，结束本次循环，从"标号"规定的位置继续循环。与未加 LOOP 标号的功能是基本相同的，只是当有多重 LOOP 语句嵌套时，可以转跳到指定标号的 LOOP 语句处，重新开始执行循环操作。

(3) 第三种语句格式如下：

NEXT LOOP 标号 WHEN 条件表达式;

第三种语句格式，当条件满足时结束本次循环，否则继续循环。"WHEN 条件表达式"是执行 NEXT 语句的条件。若 WHEN 子句出现并且条件表达式的值为 TRUE，则执行 NEXT 语句，进入跳转操作；否则继续向下执行。

【例 5-14】 NEXT 语句结构示例。

```
L1: FOR cnt_value IN 1 TO 8 LOOP
s1: a(cnt_value) := '0';
        NEXT WHEN (b = c);
s2:a(cnt_value + 8 ) := '0';
END LOOP L1;
```

5.1.6 EXIT 语句

EXIT 语句用于结束 LOOP 循环状态。EXIT 语句与 NEXT 语句很相似，具有类似的语句格式和跳转功能，区别在于 NEXT 语句是跳向 LOOP 语句的起始点，而 EXIT 语句则是跳向 LOOP 语句的终点。EXIT 语句为程序需要处理保护、出错和警告状态时，提供了一种快捷、简便的调试方法。它的语句格式有三种。

(1) 第一种语句格式如下：

EXIT;

第一种语句格式，无条件跳出循环。

(2) 第二种语句格式如下：

EXIT LOOP 标号;

第二种语句格式，跳出循环，从"标号"规定的位置开始循环。

(3) 第三种语句格式如下：

EXIT LOOP 标号 WHEN 条件表达式;

第三种语句格式，当条件满足时跳出循环，否则继续循环。

【例 5-15】 语句分析。

```
SIGNAL a, b: STD_LOGIC_VECTOR (1 DOWNTO 0);
SIGNAL a_less_then_b: Boolean;
...
  a_less_then_b <= FALSE                    --设初始值
FOR i IN 1 DOWNTO 0 LOOP
```

```
        IF (a(i)= '1'   AND b(i) = '0') THEN
           a_less_then_b <= FALSE     EXIT                    -- a > b
        ELSIF (a(i)= '0'   AND b(i) = '1') THEN
           a_less_then_b <= TRUE    EXIT;                     -- a < b
        ELSE NULL;
        END IF;
     END LOOP;                              -- 当 i = 1 时返回 LOOP 语句继续比较
```

说明：

(1) 此程序先比较 a 和 b 的高位，高位是 1 者为大，输出判断结果 TRUE 或 FALSE 后中断比较程序；

(2) 当高位相等时，继续比较低位，这里假定 a 不等于 b；

(3) NULL 为空操作语句，不完成任何操作，这里是为了满足 ELSE 的转换，用于排除一些不用的条件。

【例 5-16】 分析下述 VHDL 程序的功能。

```
LIBRARY IEEE;
USE IEEE.STD_LOGIC_1164.ALL;
ENTITY shifter   IS
   PROT(data:IN STD_LOGIC_ VECTOR( 7 DOWNTO 0 );
        Shift_left: IN STD_LOGIC;
        Shift_right: IN STD_LOGIC;
      clk: IN STD_LOGIC;
      resett: IN STD_LOGIC;
      mode: IN STD_LOGIC_VECTOR(1 DOWNTO 0);
      qout: BUFFER STD_LOGIC_VECTOR(7 DOWNTO 0));
END shifter;
ARCHITECTURE   behave   OF   shifter   IS
   SIGNAL enable: STD_LOGIC;
   BEGIN
   PROCESS
    BEGIN
     WAIT UNTIL (RISING_EDGE(clk))
      IF (reset = '1') THEN
         qout <= "00000000";
      ELSE
        CASE mode   IS
            WHEN "01" =>   qout <= Shift_righ& qout (7 DOWNTO 1 );    --右移
            WHEN "10" =>   qout <= qout (6 DOWNTO 0 ) & Shift_left;    --左移
            WHEN "11" =>   qout <= data; --并行加载
            WHEN OTHERS =>   NULL;
```

```
        END CASE;
      END IF;
    END PROCESS;
  END behave;
```

分析：

(1) 以上是一个描述具有右移、左移、并行加载和同步复位的完整的 VHDL 程序。

(2) 综合后主控部分是组合电路，时序电路是一个用于保存输出数据的 8 位锁存器。

5.1.7 WAIT 语句

进程在执行过程中总是处于两种状态：执行或挂起。进程的状态变化受 WAIT 语句的控制，当进程执行到 WAIT 语句，就被挂起，并等待再次执行进程。

WAIT 语句的格式如下：

WAIT	无限等待
WAIT ON	敏感信号变化
WAIT UNTIL	条件满足
WAIT FOR	时间到

(1) 无限等待语句 WAIT。

其语句格式如下：

```
    WAIT;
```

未设置停止挂起条件的表达式，表示永远挂起。

(2) 敏感信号等待语句 WAIT ON。

其语句格式如下：

```
    WAIT ON 信号[, 信号]
```

【例 5-17】 两个进程描述。

进程一：

```
PROCESS(a, b)
  BEGIN
    y <= a AND b;
END PROCESS;
```

进程二：

```
PROCESS
  BEGIN
    y <= a AND b;
    WAIT ON a, b;
END PROCESS;
```

此程序中"WAIT ON a, b;"表明等待信号量 a 或 b 任一发生变化，进程将结束挂起状态，继续执行 WAIT ON 后的语句。以上两个进程语句描述不同，但效果相同。

注意：进程语句中信号敏感表和 WAIT 语句的作用是一样的，含 WAIT 语句的进程

PROCESS 后不能加敏感信号，否则是非法的。

(3) 条件等待语句 WAIT UNTIL。

其语句格式如下：

　　　WAIT UNTIL 布尔表达式

该语句将把进程挂起，直到布尔表达式中所含的信号发生变化，且布尔表达式为 TURE 时，进程才能脱离挂起状态，恢复执行 WAIT 后的语句。

例如：

　　　WAIT UNTIL clock = '1' AND clock' EVENT;　　--等待时钟信号上升沿到来

通常所用的格式有如下三种：

　　　WAIT UNTIL 　信号 = Value;　　　　　　　　　　　　　　-- (1)

　　　WAIT UNTIL 　信号' EVENT AND 　信号 = Value;　　　　　-- (2)

　　　WAIT UNTIL 　NOT 信号' STABLE AND 　信号 = Value;　　-- (3)

例如：

　　　WAIT UNTIL clock = '1';

　　　WAIT UNTIL rising_edge(clock);

　　　WAIT UNTIL NOT clock′ STABLE AND clock = '1';

(4) 超时等待语句 WAIT FOR。

其语句格式如下：

　　　WAIT FOR 时间表达式

从执行到当前的 WAIT 语句开始计时，进程处于挂起状态；当时间超过这一"时间表达式"后，进程自动恢复执行下面的语句。

例如：

　　　WAIT FOR 20 ns;

　　　 WAIT FOR (a*(b+c));

(5) 多条件 WAIT 语句。

例如：

　　　WAIT ON nmi, interrupt UNTIL ((nmi = TRUE) OR (interrupt = TRUE)) FOR 5 us

该等待实现，需具备以下三个条件：

第一，信号 nmi 和 interrupt 任何一个有一次刷新动作；

第二，信号 nmi 和 interrupt 任何一个为真；

第三，已等待 5 μs。

上述条件只要有一个以上的条件被满足，进程就被启动。

注意：多条件等待时，表达式的值至少应包含一个信号量的值。

【例 5-18】　WAIT 语句练习。

```
ARCHITECTURE wait_example OF wait_example IS
    SIGNAL sendB, sendA:STD_LOGIC;
BEGIN
    sendA <= '0';
A: PROCESS
```

```
    BEGIN
        WAIT UNTIL sendB = '1';
        sendA <= '1' AFTER 10ns;
        WAIT UNTIL sendB = '0';
        sendA <= '0' AFTER 10ns;
    END PROCESS A;
  B: PROCESS
    BEGIN
        WAIT UNTIL sendA = '0';
        sendB <= '0' AFTER 10ns;
        WAIT UNTIL sendA = '1';
        sendB <= '1' AFTER 10ns;
    END PROCESS B;
END wait_example;
```

注意：VHDL 规定，已列出敏感量的进程中不能使用任何形式的 WAIT 语句。

5.1.8　RETURN 语句

返回语句 RETURN 是一段子程序结束后，返回主程序的控制语句。它有两种语句格式，介绍如下：

(1) 第一种格式。

其语句格式如下：

```
    RETURN;
```

这种格式只能用于过程返回，它后面一定不能有表达式。

【例 5-19】　语句分析。

```
    PROCEDURE rs (SIGNAL s, r:   IN     STD_LOGIC;
                    SIGNAL q, nq: INOUT STD_LOGIC) IS
    BEGIN
      IF ( s = '1' AND r = '1') THEN
          REPORT "Forbidden state: s and r are quual to '1' ";
          RETURN;
      ELSE
          q <= s AND nq AFTER 5 ns;
          nq <= s AND   q AFTER 5 ns;
      END IF;
    END PROCEDURE rs;
```

(2) 第二种格式。

其语句格式：

```
    RETURN 表达式;
```

这种格式只能用于函数返回，并且必须返回一个值。

【例 5-20】　RETURN 语句应用。

```
FUNCTION min(a, b:  IN STD_LOGIC_VECTOR) RETURN STD_LOGIC_VECTOR IS
VARLABLE temp:STD_LOGIC_VECTOR(3 DOWNTO 0);
BEGIN
    IF a < b THEN temp := a;
    ELSE temp := b;
    END IF;
RETURN temp;
END FUNCTION min;
```

5.1.9　NULL 语句

NULL 语句表示没有动作发生。NULL 语句一般用在 CASE 语句中以便能够覆盖所有可能的条件。

格式：

```
NULL;
```

功能：不完成任何操作，但它可以在某些程序语句中实现运行流程的转接。

NULL 常用于 CASE 语句中，用来表示所余的不用条件下的操作行为。

【例 5-21】　语句分析。

```
CASE Opcode IS
    WHEN    "001" =>    tmp := rega AND regb;
    WHEN    "101" =>    tmp := rega OR regb;
    WHEN    "110" =>    tmp := NOT rega;
    WHEN OTHERS =>    NULL;
    END CASE;
```

例 5-21 中 CPU 只对三种指令码做反应，当出现其他码时，不做任何操作。

注意：MAX + plus II 对 NULL 语句的执行会出现擅自加入锁存器的情况，因此应尽量避免使用 NULL 语句，可改为：

```
WHEN OTHERS =>    tmp := rega;
```

5.2　并　行　语　句

由于硬件语言所描述的实际系统的许多操作是并行的，所以在对系统进行仿真时，系统中的元件应该是并行工作的。并行语句就是用来描述这种行为的。并行描述可以是结构性的也可以是行为性的，而且并行语句的书写次序并不代表其执行的顺序。信号在并行语句之间的传递，就犹如连线在电路原理图中元件之间的连接。

并行语句用于表示算法模块间的连接关系，它们相互之间无次序关系，是并行执行的，与书写顺序无关。VHDL 的结构体由若干相互联系的并行描述语句组成，如图 5.2 所示。

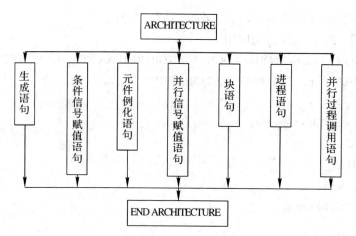

图 5.2 结构体中的并行语句模块

并行描述语句在结构体中的语法格式如下：

> ARCHITECTURE 结构体名 OF 实体名 IS
>
> {说明语句}
>
> BEGIN
>
> {并行语句}
>
> END ARCHITECTURE 结构体名;

5.2.1 并行信号赋值语句

并行信号赋值语句的特点：

(1) 赋值目标必须是信号。

(2) 所有赋值语句在结构体中的执行是同时发生的。

(3) 每一信号赋值语句都相当于一条缩写的进程语句(赋值语句中所有的输入、输出和双向信号都是该进程的隐性敏感信号，任何信号的变化都将启动相关并行语句的赋值操作，且启动完全独立于其他语句)。

并行信号赋值语句有三种：简单信号赋值语句、条件信号赋值语句、选择信号赋值语句。

(1) 简单信号赋值语句。

其语句格式如下：

> 赋值目标 <= 表达式;

例如：

> output1 <= a AND b;

赋值目标必须是信号，而且出现在结构体或块语句中。

【例 5-22】 简单信号赋值语句举例。

```
ARCHITECTURE curt OF bc1 IS
    SIGNAL s1, e, f, g, h: STD_LOGIC;
BEGIN
    output1 <= a AND b;
    output2 <= c + d;
```

```
        g <= e OR f;
        h <= e XOR f;
        s1 <= g;
    END ARCHITECTURE curt;
```

(2) 条件信号赋值语句。

其语句格式如下：

```
    赋值目标 <= 表达式   WHEN  赋值条件  ELSE
                表达式    WHEN  赋值条件  ELSE
                    ...
                表达式;
```

说明：

① 条件赋值语句与 IF 语句具有十分相似的顺序性，一旦发现赋值条件为 TRUE，立即将表达式的值赋给赋值目标变量(但条件赋值语句中的 ELSE 不可省)；

② 赋值条件的数据类型是布尔量，当它为真时表示满足赋值条件；

③ 最后一项表达式可以不跟条件子句，用于表示以上条件都不满足的情况(条件信号语句允许有重叠现象，与 CASE 语句有很大的不同)。

【例 5-23】 条件信号赋值语句举例。

```
    ENTITY mux IS
        PORT(a, b, c: IN BIT;
                p1, p2: IN BIT;
                z: OUT BIT);
    END mux;
    ARCHITECTURE behv OF mux IS
    BEGIN
       Z <=   a WHEN p1 = '1' ELSE
            b WHEN p2 = '1' ELSE
            c;
    END behv;
```

【例 5-24】　四选一电路。

```
    LIBRARY IEEE;
    USE IEEE.STD_LOGIC_1164.ALL;
    ENTITY mux44 IS
        PORT(i0, i1, i2, i3, a, b:IN STD_LOGIC;
            q: OUT STD_LOGIC);
    END mux44;
    ARCHITECTURE aa OF mux44 IS
        SIGNAL sel: STD_LOGIC_VECTOR(1 DOWNTO 0);
    BEGIN
        sel <= b & a;
```

```
        q <= i0 WHEN sel = "00" ELSE
             i1 WHEN sel = "01" ELSE
             i2 WHEN sel = "10" ELSE
             i3 WHEN sel = "11"
    END aa;
```

(3) 选择信号赋值语句。

其语句格式如下：

```
    WITH  选择表达式  SELECT
    赋值目标信号<= 表达式 WHEN 选择值,    --以 "," 号结束
                  表达式 WHEN 选择值,
                  ...
                  表达式 WHEN 选择值; --以 ";" 号结束
```

说明：

① 选择信号赋值语句其功能与进程中的 CASE 语句相似，但该语句本身不能在进程中应用；

② CASE 语句的执行依赖于进程中的敏感信号的改变而启动进程。选择信号语句敏感量是 "选择表达式"，每当 "选择表达式" 的值发生变化，将启动此语句对各子句的 "选择值" 进行测试对比，将满足条件的 "表达式" 中的值赋给赋值目标信号。

例如：

```
    WITH selt SELECT
    muxout <= a   WHEN    0|1,      -- 0 或 1
              b   WHEN    2 TO5 ,    -- 2 或 3，或 4 或 5
              c   WHEN    6,
              d   WHEN    7,
              'Z' WHEN OTHERS;
```

【例 5-25】 下面是一个简化的指令译码器，对应于由 a、b、c 三个位构成的不同指令码，由 data1 和 data2 输入的两个值将进行不同的逻辑操作，并将结果从 dataout 输出；当不满足所列的指令码时，输出高阻状态。

```
    LIBRARY IEEE;
    USE IEEE.STD_LOGIC_1164.ALL;
    USE IEEE.STD_LOGIC_UNSIGNAL.ALL;
    ENTITY  decoder  IS
      PROT(a, b, c: IN STD_LOGIC;
           Data1, data2: IN STD_LOGIC;
           Dataout: OUT STD_LOGIC);
    END   decoder;
    ARCHITECTURE   concunt  OF decoder  IS
      SIGNAL instruction: STD_LOGIC_VECTOR(2 DOWNTO 0);
    BEGIN
```

```
        Instruction <= c & b & a;
    WITH   Instruction   SELECT
Dataout <= data1 AND data2 WHEN "000",
            data1 OR data2 WHEN "001",
            data1 NAND data2 WHEN "010",
            data1 NOR data2 WHEN "011",
            data1 XOR data2 WHEN "100",
            data1 XNOR data2 WHEN "101",
            "Z"   WHEN   OTHERS;

    END concunt;
```

注意：选择信号赋值语句的每一子句结尾是逗号"，"，最后一句是分号"；"；而条件赋值语句每一句的结尾没有任何标点，最后一句有分号"；"。

5.2.2　进程语句

进程语句 PROCESS 是最常用的 VHDL 语句之一，极具 VHDL 特色。一个结构体中可以含有多个 PROCESS 结构，对于 PROCESS 结构的敏感信号参数表中定义的任一敏感参量的变化，该 PROCESS 都将被激活。不但所有被激活的进程都是并行运行的，当PROCESS 与其他并行语句(包括其他 PROCESS 语句)一起出现在结构体内时，它们之间也是并行的。

PROCESS 的语句格式如下：

```
[进程名:]   Process   [敏感信号]
        变量说明语句:
    Begin
        ...
        顺序说明语句
        ...
    End Process [进程名];
```

变量说明语句：用于说明数据类型。变量说明等效于指明或标定了一个存储区域，在此进程对变量的读写等效于对这个存储区的访问。

进程语句是并行处理语句，即各个进程是同时处理的。在结构体中多个 Process 语句是同时并行运行的，它是描述硬件并行工作行为的最常用、最基本的语句。

进程语句中信号敏感表和 WAIT 语句的作用是一样的，都是进程启动、触发的条件。这样，为了不产生两个进程启动的条件，避免使进程产生误触发，在进程语句中，信号敏感表和 WAIT 语句不能共存于一个进程中。

同步点有两种：在有敏感信号的进程中，同步点在显式的 WAIT 语句这一行上；在有敏感表的进程中，同步点在隐式 WAIT 语句中，即"END PROCESS"这一行上。这两种同步点都是进程中信号发生变化的点。信号的当前值仅在同步点上发生变化、更新，使模拟时钟前进一步。

在一个构造体中，多个 PROCESS 语句可以同时并行的执行。该语句有如下特点：

(1) 可以和其他进程语句同时执行，并可以存取构造体和实体中所定义的信号。

(2) 进程中的所有语句都按照顺序执行。

(3) 为启动进程，在进程中必须包含一个敏感信号表或 WAIT 语句 。

(4) 进程之间的通信是通过信号量来实现的。

【例 5-26】 数据选择器。

```
ENTITY mul IS
    PORT (a, b, c, selx, sely: IN BIT;
                    data_out: OUT BIT);
END mul;
ARCHITECTURE behave of mul IS
    SIGNAL temp: BIT;
BEGIN
p_a: PROCESS (a, b, selx)
    BEGIN
    IF(selx = '0') THEN
            temp <= a;
    ELSE
            temp <= b;
    END IF;
  END PROCESS;
 p_b: PROCESS (temp, c, sely)
    BEGIN
    IF(sely = '0') THEN
        data_out <= temp;
    ELSE
        data_out <= c;
    END IF;
  END PROCESS;
END behave;
```

5.2.3　块语句

1. 含义

块(BLOCK)语句将构造体中的并行描述语句进行组合，其主要目的是要改善并行语句及其结构的可读性，或是利用 BLOCK 的保护表达式关闭某些信号。

2. 应用

利用 BLOCK 语句可以将构造体中的并发语句划分成多个并列方式的 BLOCK，每一个 BLOCK 都像一个独立的设计实体，具有自己的端口和类属参数说明，以及与外部环境的衔接描述，从而使构造体层次清楚、结构明确。

　　块的应用类似于利用 PROTEL 画原理图时，可将一个总的原理图分成几个子模块，总原理图成为一个有多个子模块原理图连接而成的顶层模块图，而子模块原理图可再分成几个子模块(BLOCK 嵌套)。

3. 特点

(1) 块语句本身属并发语句结构。

(2) 块中所包含的一系列语句也属并发语句。

(3) 块中的语句执行与书写次序无关。

4. BLOCK 语句的表达格式

BLOCK 语句的表达格式如下：

```
块标号: BLOCK [(块保护表达式)]
        {说明语句};                    --接口说明和类属说明
    BEGIN
        {并发处理语句};
    END BLOCK  块标号;
```

说明：

　　① "说明语句"主要是对 BLOCK 的接口设置及与外界信号的连接状况加以说明的(类似于原理图间的图示接口说明)。与实体说明部分相似，可包含关键词 PORT、PORTMAP、GENERIC GENERIC MAP 引导的接口说明等语句。

　　② 说明语句适用范围仅限于当前 BLOCK，不适应外部环境。

　　③ 说明语句可定义的主要项目有：USE 语句、子程序、数据类型(子类型)、常数、信号、元件。

　　【例 5-27】试设计一个由 ALU 模块和 REG 模块组成的 CPU 芯片，REG 又由 REG1、REG2、…、REG8 这 8 个模块组成。

```
LIBRARY IEEE;
USE IEEE.STD_LOGIC_1164.ALL;
PACKAGE BIT32    IS
    TYPE tw32 IS ARRAY(31 DOWNTO 0) OF STD_LOGIC;
END BIT32;
USE WORK.BIT32.ALL;
ENTITY CPU IS
    PORT (clk, interrupt:IN STD_LOGIC;
                    addr:OUT tw32;
                    data:INOUT tw32);
END CPU;
ARCHITECTURE cpu_blk OF CPU IS
    SIGNAL ibus, dbus:tw32;
BEGIN
```

```
    ALU:BLOCK
        SIGNAL qbus:tw32;
    BEGIN
        … --ALU 行为描述语句
    END BLOCK ALU;
    REG:BLOCK
        SIGNAL zbus:  tw32;
    BEGIN
        REG1:BLOCK
            SIGNAL qbus:tw32;
        BEGIN
            …  ; --REG1 行为描述语句
        END BLOCK REG1;
            …
        END BLOCK REG8;
        END BLOCK REG;
    END cpu_blk;
```

说明：

(1) CPU 芯片有 4 个端口，"clk, interrupt"是位输入端口；"addr"是 32 位输出端口；"data"是 32 位双向端口。

(2) 端口和信号的定义：

① clk、 interrupt、 addr、 data 在实体中说明，各模块均可用；

② ibus、 dbus 在 cpu_blk 构造体中说明，在构造体外不能使用，但在构造体内的所有块均可使用；

③ qbus、 zbus 分别在 ALU 块和 REG 块中说明，所以只能在相应的块中使用(内层 BLOCK 能够使用外层 BLOCK 所说明的信号，而外层 BLOCK 却不能使用内层 BLOCK 中说明的信号)。

④ qbus 信号既在 ALU BLOCK 中有说明，也在 REG BLOCK 中有说明，但它们是具有相同名字的各自独立的两个信号(一般在设计中尽量避免此情况)。

【例 5-28】 在例 5-27 的基础上，设计一个新的 CPU 芯片，以扩展 ALU 的功能。

```
    LIBRARY IEEE;
    USE IEEE.STD_LOGIC_1164.ALL;
    PACKAGE math    IS
        TYPE tw32 IS ARRAY(31 DOWNTO 0) OF STD_LOGIC;
        FOUNCTION tw_add(a, b: tw32) RETURN tw32;
        FOUNCTION tw_sub(a, b: tw32) RETURN tw32;
    END math;
    USE WORK.math.ALL;
    ENTITY CPU IS
```

```
            PORT (clk, interrupt, cont: IN STD_LOGIC;
                               addr: OUT tw32;
                               data: INOUT tw32);
        END CPU;
        ARCHITECTURE cpu_blk OF CPU IS
            SIGNAL ibus, dbus:tw32;
        BEGIN
          ALU:BLOCK
              PORT(abus, bbus: IN tw32;
                        D_out: INOUT tw32;
                         cbus: IN STD_LOGIC);
              PORT MAP(abus =>   ibus, bbus => dbus, cbus => cont, D_out => data);
              SIGNAL qbus:tw32;
          BEGIN
              IF cbus = '0' THEN
                  D_out <= tw_add(abus, bbus);
              ELSIF cbus = '1' then
                  D_out <= tw_sub(abus, bbus);
              ELSE
                  D_out <= abus;
              ENDIF;
          END BLOCK ALU;
        END cpu_blk;
```

说明：

① CPU 芯片有 5 个端口，比例 5-26 多 1 个 cont 输入端口(用来控制 ALU"加"或"减")。

② 包集合中有两个函数定义语句，分别是 32 位的"加"和"减"，输入 a、b, 输出在 tw32 中。

③ 端口映射语句映射了带有信号的新的端口，即把 ALU BLOCK 的 abus、bbus 连接到 CPU BLOCK 的 ibus、dbus 上，把 cbus、D_out 连接到设计实体的 cont、data 上。当 CPU 端口上的信号变化时，cont 通过映射使 cbus 上出现新值。通过调用函数，使 D_out 出现新值，从而在 CPU data 上出现新值。

5.2.4　元件例化语句

元件例化即引入一种关系，将预先设计好的设计实体定义为一个元件，然后利用特定的语句将此元件与当前的设计实体中的指定端口相连接，从而为当前设计实体引进一个新的低一级的设计层次。元件例化是使 VHDL 设计实体构成自上而下层次化设计的一种重要途径。

其语句格式由两部分组成。

-- 第一部分：元件定义语句

　　COMPONENT 元件名

         GENERIC 说明;   --参数说明

           PORT 说明;   --端口说明

    END COMPONENT;

--第二部分：元件例化

      例化名:元件名 PORT MAP ([端口名 =>] 连接端口名, …);

说明：

(1) COMPONENT 语句可以在结构体(ARCHITECTURE)、程序包(PACKAGE)和块(BLOCK)的说明中使用；GENERIC 语句用于该元件的可变参数的代入和赋值；PORT 语句则说明该元件的输入/输出端口的信号规定。

(2) COMPONENT 语句分为元件定义和元件例化两部分，元件定义完成元件的封装；元件例化完成电路板上的元件插座的定义。

第一部分：元件定义语句。

它相当于对一个现成的设计实体进行封装,使其只留出外面的接口界面(如同一个集成芯片只留几个引脚在外一样)；类属表列出端口的数据类型和参数；端口名表可列出对外通信的各端口名。

第二部分：元件例化语句。

例化名——相当于系统(电路板)中的一个插座名，必须存在。

元件名——准备在此插座上插入的、已定义好的元件名。

PORT MAP 含义——端口映射。

端口名——是在元件定义语句中的端口名表中已定义好的元件端口的名字。

连接端口名——相当于电路板插座上各个插针的引脚名。

(3) "([端口名 =>] 连接端口名, …)"部分完成元件引脚与插座引脚的连接——关联。元件例化语句中所定义的元件的端口名与当前系统的连接端口名的接口表达有两种方式：

① 位置影射法——上层元件端口说明语句中的信号名与 PORT MAP( )中的信号名书写顺序和位置一一对应。例如，

      u1:and1(a1, b1, y1);

② 名称映射法——用 " => "号将上层元件端口说明语句中的信号名与 PORT MAP( )中的信号名关联起来。例如，

      u1:and1(a => a1, b => b1, y => y1);

【例 5-29】 首先完成一个 2 输入与非门的设计，然后利用元件例化产生图 5.3 所示的电路。

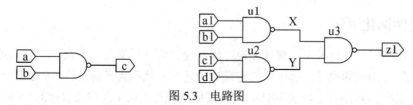

图 5.3 电路图

LIBRARY IEEE;

USE IEEE.STD_LOGIC_1164.ALL;

ENTITY nd2 IS

```
        PORT (a，b:  IN STD_LOGIC;
                c: OUT STD_LOGIC);
END nd2;
ARCHITECTURE nd2behv OF nd2 IS
BEGIN
    c <= a NAND b;
END nd2behv;

LIBRARY IEEE;
USE IEEE.STD_LOGIC_1164.ALL;
ENTITY ord41 IS
    PORT (a1, b1, c1, d1:  IN STD_LOGIC;
                z1: OUT STD_LOGIC);
END ord41;
ARCHITECTURE ord41behv OF ord41 IS
BEGIN
    COMPNENT nd2
        PORT(a, b: IN STD_LOGIC;
                c: OUT STD_LOGIC);
    END COMPONENT;
    SIGNAL x, y:STD_LOGIC;
BEGIN
    u1:nd2 PORT MAP(a1, b1, x);                --位置关联方式
    u2:nd2 PORT MAP(a => c1, b => d1, c => y);  --名字关联方式
    u3:nd2 PORT MAP(x, y, c => z1);            --混合关联方式
    END ARCHITECTURE ord41behv;
```

【例 5-30】 在半加器设计的基础上，用例化元件语句设计一个 1 位二进制全加法器，其原理图如图 5.4 所示。

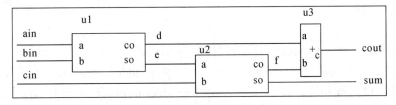

图 5.4　全加器原理电路图

```
--半加器 VHDL 描述
LIBRARY   IEEE;
USE IEEE.STD_LOGIC_1164.ALL;
ENTITY   h_adder   IS
    PROT(a, b:  IN STD_LOGIC;
```

```
            co, so : OUT STD_LOGIC);
        END h_adder;
        ARCHITECTURE fh1 OF h_adder   IS    BEGIN
            so <= NOT ( a    XOR ( NOT    b ) );
            co <= a    AND    b
        END fh1;


        --1 位二进制全加法器顶层设计描述
        LIBRARY    IEEE;
        USE IEEE.STD_LOGIC_1164.ALL;
        ENTITY   f_adder   IS
            PROT(ain, bin, cin : IN STD_LOGIC;
                        cout, sum : OUT STD_LOGIC);
        END f_adder;
        ARCHITECTURE   fd1 OF f_adder   IS
            COMPONENT   h_adder
                PROT(a, b:   IN STD_LOGIC;
                        co, so: OUT   STD_LOGIC);
            END   COMPONENT;
            COMPONENT  or2a
                PROT(a, b:   IN STD_LOGIC;
                            c:    OUT   STD_LOGIC);
            END   COMPONENT;
            SIGNAL d, e, f:   STD_LOGIC;
        BEGIN
            u1: h_adder   PORT MAP( a =>    ain, b =>   bin, co =>    d, so =>   e );
            u2: h_adder   PORT MAP( a => e, b =>   cin, co =>   f, so =>   sum );
            u3: or2a   PORT MAP( a =>   d, b <= f, c <= cout );
        END    fd1;
```

说明：

① 例子中的元件名 h_adder 对应的例化名为 u1、u2，or2a 对应的例化名为 u3。

② 例化名为 u1 的端口映射：a => ain 表示元件 h_adder 的内部端口信号 a (端口名)与系统的外部端口名 ain 相连；co => d 表示元件 h_adder 的内部端口信号 co (端口名)与元件外部的连线 d (定义在内部的信号线)相连；等等。

5.2.5　生成语句

生成语句 GENERATE 在设计中用来复制一组完全相同的并行元件或设计单元电路结构。它有两种语句格式。

(1) 第一种语句格式如下：

　　[标号:]FOR 循环变量 IN 取值范围 GENERATE

　　　　[说明部分]

　　BEGIN

　　　　[并行语句]; --元件例化语句，以重复产生并行元件。

　　END GENERATE [标号];

(2) 第二种语句格式如下：

　　　[标号:]IF 条件 GENERATE

　　　　　[说明部分]

　　　BEGIN

　　　　　[并行语句]

　　　END GENERATE [标号];

　　　表达式　　TO　　表达式 ；　-- 递增方式，如 1 TO 5

　　　表达式　DOWNTO 表达式 ；　-- 递减方式，如 5 DOWNTO 1

例如：

```
    ...
    COMPONENT comp
        PORT (x: IN STD_LOGIC ,
                y: OUT STD_LOGIC );
    END COMPONENT;
    SIGNAL a:STD_LOGIC_VECTOR(0 TO 7);
    SIGNAL b:STD_LOGIC_VECTOR(0 TO 7);
     ...
    gen: FOR i IN   a' RANGE    GENERATE
      u1: comp PORT MA (x => a(i)，y => b(i));
    END GENERATE gen;
        ...
```

说明：

① 生成方式：规定并行语句的复制方式。

② 说明语句：对元件数据类型、子程序、数据对象做局部说明。

③ 并行语句：用来 copy 的基本单元，主要包括元件、进程语句、块语句、并行过程调用语句、并行赋值语句和生成语句(允许嵌套)。

④ 循环变量(生成参数)：局部变量，自动产生，根据取值范围自动递增或递减。

FOR GENERATE 与 FOR LOOP 比较：

相同点：都是在取值范围内进行循环，循环变量 i 无需定义，不可见。

不同点：结构中语句的执行方式不同，前者是并发执行，而后者是顺序执行。

IF GENERATE 与 IF ELSE 比较：

相同点：都是在条件为 TRUE 时，执行结构内部语句。

不同点：前者结构内部的语句是并发执行，而后者是顺序执行，且前者无 ELSE 项。

(3) 主要应用：存储器和寄存器阵列设计。

【例 5-31】 设计一由 4 个 D 触发器组成的同步移位寄存器(见图 5.5)。

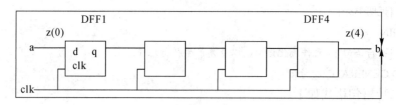

图 5.5 同步移位寄存器的原理图

```
LIBRARY IEEE;
USE IEEE.STD_LOGIC_1164.ALL;
ENTITY shift IS
     PROT(a, clk: IN STD_LOGIC;
                b: OUT STD_LOGIC);
END shift;
ARCHITECTURE long_ shift OF shift IS
   COMPONENT DFF
        PROT(d, clk: IN STD_LOGIC;
                 q: OUT STD_LOGIC);
   END COMPONENT;
   SIGNAL   Z:STD_LOGIC_VECTOR(0 TO 4);
BEGIN
   Z(0) <= a;
   DFF1: DFF    PORT MAP(Z(0), clk, Z(1));
   DFF2: DFF    PORT MAP(Z(1), clk, Z(2));
   DFF3: DFF    PORT MAP(Z(2), clk, Z(3));
   G1: DFF 4: DFF    PORT MAP(Z(3), clk, Z(4));
   B <= Z(4);
END long_shift;
```

说明：

① "DFF1: ~DFF4: " 可用 GENERATE 语句产生，且可描述任意长度移位寄存器。如：
```
G1: FOR i IN 0 TO 3 GENERATE
        DFFx:DFF PORT MAP(Z(i), clk, Z(i+1));
     END GENERATE;
```

② FOR GENERATE 语句只能处理规则的构造体。电路两端通常都是不规则的，这时可用 IF GENERATE 语句来完成。使用这种方法可使设计文件具有更好的通用性、可移植性和易修改性。

【例 5-32】 设计一个 8D 锁存器(SN74373)。

分析：

① 8D 锁存器有 8 个输入 D1～D8；8 个输出 Q1～Q8；1 个输出使能端 OEN(若 OEN =
1，Q1～Q8 为高阻态；若 OEN = 0，Q1～Q8 输出保存在锁存器中)；1 个数据锁存控制端
G(若 G = 1，D1～D8 输入进入 SN74373 中的 8 位锁存器中；若 G = 0，SN74373 中的 8 位
锁存器值不变)。

② 首先设计一个 1 位锁存器，然后进行元件例化，最后用生成语句产生 8D 锁存器。

```
--1 位锁存器
LIBRARY IEEE;
USE IEEE.STD_LOGIC_1164.ALL;
ENTITY latch IS
    PROT( D: IN STD_LOGIC;
          ENA: IN STD_LOGIC;
            Q: OUT STD_LOGIC);
END latch;
ARCHITECTURE one OF latch IS
    SIGNAL sig_save: STD_LOGIC;
BEGIN
    PROCESS(D, ENA)
    BEGIN
      IF ENA = '1' THEN
          sig_save <= D;
      END IF;
        Q <= sig_save;
    END PROCESS;
END one;


-- 8D 锁存器
LIBRARY IEEE;
USE IEEE.STD_LOGIC_1164.ALL;
ENTITY SN74373 IS
    PROT( D: IN STD_LOGIC_VECTOR( 8 DOWNTO 1);
          ENA, G: IN STD_LOGIC;
            OEN: OUT STD_LOGIC;
              Q: OUT STD_LOGIC_VECTOR( 8 DOWNTO 1));
END SN74373;
ARCHITECTURE one OF SN74373 IS
  COMPONENT latch
      PROT( D, ENA: IN STD_LOGIC;
                Q:   OUT STD_LOGIC);
  END COMPONENT;
```

```
            SIGNAL sig_mid : STD_LOGIC_VECTOR( 8 DOWNTO 1)
        BEGIN
            Gelatch : FOR iNum IN 1 TO 8 GENERATE
                Latchx : latch PORT MAP(D(iNum), G, sig_mid(iNum));
            END GENERATE;
            Q <= sig_mid WHEN OEN = '0' ELSE
                "zzzzzzzz";
        END one;
```

程序中可以看出，首先设计一个 1 位锁存器 latch，然后进行元件例化，最后用生成语句产生 8D 锁存器 SN74373。

5.2.6 断言语句

断言语句 ASSERT 用于程序仿真调试中的人机对话，可以给出一个文字串作为警告和错误信息。

其语句格式如下：

        ASSERT 条件表达式 [REPORT 字符串][SEVERITY 错误等级]

当条件为真时，向下执行另一个语句，为假时，则输出"字符串"信息并指出"错误等级"。

用途：用于仿真、调试程序时的人机对话。

例如：

        ASSERT   (S = '1' AND R = '1')

        REPORT "Both values of S and R are equal '1'"

        SEVERITY ERROR;

说明：

① 条件为假时，输出错误信息及错误严重程度的级别。

② 4 个错误级别介绍如下：

NOTE(注意)——仿真时传递信息。

WARNING(警告)——仿真仍可进行，但结果可能不可预知。

ERROR(出错)——仿真过程已不可能执行下去。

FAILURE(失败)——发生了致命错误，仿真必须立即停止。

错误等级综合结果如表 5.2 所示。

表 5.2 预定义错误等级

错　误　等　级	综合结果
NOTE(注意)	报告出错信息，可以通过编译
WARNING(警告)	报告出错信息，可以通过编译
ERROR(出错)	报告出错信息，暂停编译
FAILURE(失败)	报告出错信息，暂停编译

1. 顺序断言语句

【例 5-33】 顺序断言语句举例。

```
P1: PROCESS(S, R)
    VARIABLE D: std_logic;
BEGIN
    ASSERT not (R = '1'and S = '1')
     REPORT "both R and S equal to '1'"
     SEVERITY ERROR;
    IF   R = '1' and S = '0' THEN
        D := '0';
ELSIF R = '0' and S = '1' THEN
        D := '1';
        END IF;
    Q <= D;
        QF <= NOT D;
    END PROCESS;
```

2. 并行断言语句

【例 5-34】 并行断言语句举例。

```
LIBRARY IEEE;
USE IEEE.std_logic_1164.ALL;
ENTITY RSFF2 IS
   PORT(S, R: IN std_logic;
        Q, QF: OUT std_logic);
END   RSFF2;
ARCHITECTURE BHV OF RSFF2 IS
BEGIN
PROCESS(R, S)
BEGIN
        ASSERT not (R = '1'and S = '1')
        REPORT "both R and S equal to '1'"
        SEVERITY ERROR;
END PROCESS;
PROCESS(R, S)
    VARIABLE D: std_logic := '0';
BEGIN
    IF R = '1' and S = '0' THEN
        D := '0';
    ELSIF R = '0' and S = '1' THEN
            D := '1';
```

```
        END IF;
            Q <= D;
            QF <= NOT D;
        END PROCESS;
        END;
```

【例 5-35】 阅读下列程序，分析指令功能。

```
    setup_check: PROCESS(clk)
    BEGIN
        IF (clk = '1') AND (clk' EVENT) THEN
            ASSERT(d' LAST_EVENT >= setup_time)
            REPORT "SETUP VIOLATION"
            SEVERITY ERROR;
        END IF;
    END PROCESS setup_check;
```

说明：

① 属性 d' LAST_EVENT 返回一个信号 d 自最近一次变化以来到 clk 事件发生为止(clk 上沿)所经过的时间。

② 程序功能：检查数据输入端 d 的建立时间，若小于规定的建立时间，则发出错误警告。

5.3 属 性 语 句

属性语句 ATTRIBUTE 用于检出时钟边沿，完成定时检查，获得客体的有关值、功能、类型和范围等。

语句格式：属性测试项目名'属性标识符;

例如：

```
    TYPE number IS INTEGER RANGE 9 DOWNTO 0;
    I := number' LEFT;      --I=9
    I := number' RIGTH;    --I=0
    I := number' HIGH;     --I=9
    I := number' LOW;       --I=0
```

属性语句主要有五类：数值类、函数类、信号类、数据区间类、用户定义类。

5.3.1 数值类属性

数值类属性用来得到一般数据、数组、块的有关值。

其语句格式如下：

```
    T' LEFT         --返回数据类型(子类)左边界值
    T' RIGHT          --返回数据类型(子类)右边界值
```

T' HIGH	--返回数据类型(子类)上限值

T' HIGH　　　　　　　　--返回数据类型(子类)上限值

T' LOW　　　　　　　　--返回数据类型(子类)下限值

T' LENGTH　　　　　　--返回数值类数组的长度值

T' STRUCTURE　　　　--若块或构造体只含 COMPONET 语句和被动进程时，属性
　　　　　　　　　　　　' STRUCTURE 返回 TRUE

T' BHAVIOR　　　　　--若由块标号指定块，或者由构造体名指定构造体，又不含 COMPONET
　　　　　　　　　　　　语句，属性 ' BHAVIOR 返回 TRUE

例如：

```
    ...
    PROCESS (clock, a, b);
    TYPE obj IS ARRAY (0 TO 15) OF BIT
    SIGNAL ele1, ele2, ele3, ele4: INTEGER
    BEGIN
    ele1 <= obj' RIGNT;
    ele2 <= obj' LEFT;
    ele3 <= obj' HIGH;
    ele4 <= obj' LOW;
    ...
    END PROCESS;
```

【例 5-36】 阅读以下程序段，分析相关指令功能。

```
    ...
    ARCHITECTURE   time1   OF   time   IS
        TYPE   tim   IS(sec, min, hous, day, moth, year);
        SUBTYPE s_tim IS time RANGE moth DOWNTO min;
        SIGNAL tim1, tim2, tim3, tim4, tim5, tim6, tim7, tim8:TIME;
    BEGIN
    Tim1 <= tim' LEFT;        -- tim1 = sec
    Tim2 <= tim' RIGHT;       -- tim2 = year
    Tim3 <= tim' HIGH;        -- tim3 = year(sec 位置序号为 0，是下限。)
    Tim4 <= tim' LOW;         -- tim4 = sec
    Tim5 <= s_tim' LEFT;      -- tim5 = min
    Tim6 <= s_tim' RIGHT;     -- tim6 = moth
    Tim7 <= s_tim' HIGH;      -- tim7 = moth
    Tim8 <= s_tim' LOW;       -- tim8 = min
    ...
```

说明：

① 对于整数和实数，'HIGH、'LOW 分别对应最大和最小数据。

② 对于枚举类型的数据，'HIGH、'LOW 分别对应其位置号大小，较早出现的数据位置号小，较晚出现的数据位置号大。

5.3.2 函数类属性

函数类属性以函数形式返回有关数据类型、数据区间、信号的行为信息。

其语句格式如下：

(1) 数据类型。

```
'POS(x)          --返回参数 x 的位置序号
'VAL(x)          --返回参数 x(位置序号)对应的数值
...
```

(2) 数组类型。

```
'LENGTH          --返回数组的长度
```

【例 5-37】 阅读以下程序段，分析相关指令功能。

```
...
TYPE arry1 ARRAY (0 TO 7) OF BIT;
VARIABLE wth: INTEGER;
...
wth1 := arry1' LENGTH; -- wth1 = 8
...
```

程序功能：返回数组 arry1 的长度为 wth1 = 8。

(3) 信号类型。

```
'EVENT          --若在当前的△期间内发生了事件，则函数将返回 TRUE,否则返回 FALSE
'ACTIVE         --若在当前的△期间内信号发生了改变,则函数将返回 TRUE,否则返回 FALSE
'LAST_VALUE     --返回一个信号最后一次改变以前的值
    ...
```

【例 5-38】 阅读以下程序段，分析相关指令功能。

```
LIBRARY IEEE;
USE IEEE.STD_LOGIC_1164.ALL;
ENTITY dff IS
    PROT(d, clk: IN STD_LOGIC;
          q: OUT STD_LOGIC);
END dff;
ARCHITECTURE dff OFdff IS
BEGIN
    PROCESS(clk)
    BEGIN
        IF (clk = '1') AND (clk' EVENT) AND (clk' LAST_VALUE = '0') THEN
            q <= d;
        END IF;
    END PROCESS;
 END dff;
```

程序功能：D 触发器。通过检测时钟信号 clk 的边沿，保存输出。

说明：

① EVENT 表示对当前的一个极小的时间段内发生事件的情况进行检测(如时钟的边沿)。

例如：

```
clock' EVENT                        --检测以 clock 为属性测试项目的事件
clock' EVENT AND clock = '1';       --检测 clock 的上升沿
clock' EVENT AND clock = '0';       --检测 clock 的下降沿
```

② LAST_EVENT 表示从信号最近一次的发生至今所经历的时间，常用于检查定时时间、建立时间、保持时间和脉冲宽度等。

【例 5-39】 检查 D 触发器的 d 输入端的建立时间是否达到要求。

```
LIBRARY IEEE;
USE IEEE.STD LOGIC 1164.ALL;
ENTITY dff IS
    GENERIC(setup_time, hold_time:TIME);
     PORT(d, clk: IN STD LOGIC; q: OUT STD LOGIC);
END dff;
ARCHITECTURE dff_behav OF dff   IS
BEGIN
setup_check:PROCESS(clk)
BEGIN
    IF (clk = '1')AND(clk' EVENT) THEN
        ASSERT(d' LAST_EVENT >= setup_time)
        REPORT "SETUP VIOLATION"
        SEVERITY ERROR;
    END IF;
  END PROCESS;
  dff_process:PROCESS(clk)
BEGIN
    IF( clk = '1')AND(clk' EVENT) THEN
        q <= d;
        END IF;
    END PROCESS dff_process;
  END dff_behav;
```

5.3.3　信号类属性

信号类属性用于产生一种特别的信号，这个信号中包含所加属性的有关信息。

其语句格式如下：

```
'DELAYED[(time)]        --以属性所加的信号为参量，产生一个延时的信号
    ...
```

【例 5-40】 设计 ASIC 器件的通路相关延时模型。

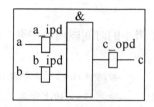

图 5.6　ASIC 器件的通路相关延时模型

说明：

① 图 5.6 中的 a_ipd、b_ipd 分别为 a、b 输入过程延时，c_opd 为输出过程延时。

② 在设计 ASIC 时，通常用估计的方法，先确定一个大概值，用 DELAYED 属性实现延时，然后通过仿真最终确定实际延时值。

```
LIBRARY IEEE;
USE IEEE.STD_LOGIC_1164.ALL;
ENTITY and2 IS
    GENERIC(a_ipd, b_ipd, c_opd: TIME);
      PROT(a, b: IN STD_LOGIC;
                c: OUT STD_LOGIC);
END and2;
ARCHITECTURE attr OF and2 IS
BEGIN
    C <= a' DELAYED(a_ipd) AND b' DELAYED(b_ipd) AFTER c_opd;
END attr;
```

5.3.4　数据区间类属性

数据区间类属性用来对属性项目取值区间进行测试，返回所选择输入参数的索引区间(而不是一个具体的值。它仅用于受约束的数组类型数据。

其语句格式如下：

'RANGE[(n)]--返回一个由参数 n 值所指出的第 n 个数据区间

…

【例 5-41】 阅读以下程序段，分析相关指令功能。

```
FUNCTION vector_to_int (vect:STD_LOGIC_VECTOR) RETURN INTEGER IS
    VIRABLE result:INTEGER := 0;
BEGIN
    FOR i IN vect' RANGE LOOP
        result := result*2;
        IF vect(i) = '1' THEN
            result := result+1;
        END IF;
    END LOOP;
```

```
        RETURN result;
    END vector_to_int;
```

程序功能：vect' RANGE 返回的是 vect 的数据区间，如：0 TO 15。

5.3.5　用户定义类属性

用户定义类属性通过自定义的属性实现一些特殊的功能。

其语句格式如下：

```
    ATTRIBUTE 属性名: 数据类型;
    ATTRIBUTE 属性名 OF 对象名: 对象类型 IS 值;
```

说明：有综合器和仿真器支持的一些特殊的属性通常包含在 EDA 工具厂商的程序包中。

例如：synplify 综合器支持的特殊属性都在 synplify.attributes 程序包中，使用前加入以下语句即可：

```
    LIBRARY synplify;
    USE synplify. attributes.all;
```

DATA I/O 公司的 VHDL 综合器中，可以使用属性 pinnum 为端口锁定芯片引脚。

【例 5-42】　分析以下程序。

```
    LIBRARY IEEE;
    USE IEEE.STD_LOGIC_1164.ALL;
    ENTITY cntbuf IS
        PORT(   Dir: IN STD_LOGIC;
                Clk, Clr, OE: IN STD_LOGIC;
                A, B: INOUT STD_LOGIC_VECTOR (0 to 1);
                Q: INOUT STD_LOGIC_VECTOR (3 downto 0) );
    ATTRIBUTE PINNUM : STRING;
    ATTRIBUTE PINNUM OF Clk: SIGNAL IS "1";
    ATTRIBUTE PINNUM OF Clr: SIGNAL IS "2";
    ATTRIBUTE PINNUM OF Dir: SIGNAL IS "3";
    ATTRIBUTE PINNUM OF OE: SIGNAL IS "11";
    ATTRIBUTE PINNUM OF Q: SIGNAL IS "17, 16, 15, 14";
    END cntbuf;
```

5.4　子　　程　　序

子程序是一个 VHDL 程序模块，它利用顺序语句来定义和完成算法。

应用目的：能更有效地完成重复性的工作(与其他软件语言程序中的子程序的应用相似)。

定义位置：三个不同位置进行定义，即在程序包、结构体和进程中定义。通常是在程序包中定义(由于只有在程序包中定义的子程序可被其他不同设计所调用)。

可重载性：即允许有许多重名的子程序(但参数类型及返回值数据类型是不同的)。

类型：过程(Procedure)和函数(Function)。

子程序综合：综合后的子程序将映射于目标芯片中的一个相应的电路模块，且每一次调用都将在硬件结构中产生对应于具有相同结构的不同的模块。

5.4.1　过程(Procedure)

1. 过程定义

其语句格式如下：

```
    PROCEDURE 过程名(参数表)        --过程首
    PROCEDURE 过程名(参数表) IS      --过程体
        [说明部分 ];
    BEGIN
        顺序语句;
    END PROCEDURE 过程名;
```

说明：

① 过程由过程首和过程体构成，但过程首不是必需的，过程体可以独立存在和使用。

② 过程首的参数表可以对常数、变量和信号三类数据对象目标做出说明，用关键词IN、OUT 和 INOUT 定义工作模式。

③ 过程体是由顺序语句组成的，过程体的调用即启动对过程体的顺序语句的执行。

2. 过程调用

其语句格式如下：

```
    过程名 [([形参名 =>  ]实参表达式
            {,[形参名 =>  ] 实参表达式})];
```

说明：

① 实参(实参表达式)是当前调用程序中过程形参的接收体，它可以是一个具体的数值或标识符。

② 形参名是当前欲调用的过程中已说明的参数名，与实参表达式相联系。

③ 被调用的形参名与调用语句中的实参表达式的对应关系有两种关联法：位置和名字(位置关联法可省去形参名)。

④ 过程调用步骤如下：

a. 将 IN 和 INOUT 模式的实参值赋给欲调用过程对应的形参；

b. 执行这个过程；

c. 将过程中 IN 和 INOUT 模式的形参值返回给对应的实参。

⑤ 一个过程对应的硬件结构中，其标识形参的输入/输出是与其内部逻辑相连的。

5.4.2　函数(Function)

1. 函数定义

其语句格式如下：

```
FUNCTION  函数名(参数表)RETURN  数据类型名              -- 函数首
FUNCTION  函数名(参数表)RETURN  数据类型名 IS           -- 函数体
   [ 说明语句 ];                                       -- 变量等定义
BEGIN
   顺序处理语句;                                        -- 描述过程的行为语句
END FUNCTION  函数名;
```

说明：

① 函数由函数首和函数体构成,函数首不是必需的(若将所定义的函数组织成包入库,则函数首是必须的);

② 函数首是由函数名、参数表和返回值的数据类型三部分组成。

a. 函数名：函数首的名称即为函数名。

b. 参数表：是用来定义输出值的,可以是常数或信号。

③ 函数体是由顺序语句组成的,函数体的调用即启动对函数体的顺序语句的执行。

2. 函数调用

函数调用与过程调用十分相似,不同之处是调用函数将返回一个指定数据类型的值,函数的参量只能是输入值。

【例 5-43】 阅读下面程序,分析其功能。

```
PACKGE data_types IS
    SUBTYPE data_element IS INTEGER RANGE 0 TO 3;
    TYPE data_array IS ARRAY(1 TO 3) OF data_element;
END data_types;
USE WORK. data_types.ALL;
ENTITY sort IS
    PORT(in_array: IN data_array;
           out_array: OUT data_array);
END sort;
ARCHITECTURE exmp OF sort IS
BEGIN
  PROCESS(in_array)
    PROCEDURE swap(data: INOUT data_array;
                    low, high: IN INTEGER ) IS
        VARIABLE temp: data_element;
        BEGIN
        IF(data(low) > data(high)) THEN
            Temp := data(low);
            data(low) := data(high);
            data(high) := Temp;
        END IF;
    END swap;
```

```
        VARIABLE my_array: data_array;
    BEGIN
        my_array := in_array;
        swap(my_array, 1, 2);
        swap(my_array, 2, 3);
        swap(my_array, 1, 2);
        out_array <= my_array;
    END PROCESS;
  END exmp;
```

说明:

① 在自定义程序包中定义数据类型的子类型, 即对整数类型进行了约束。

② 在进程中定义了一个名为 swap 的局部过程(不在包中), 其功能是对一个数组中的两个元素进行比较, 若发现这两个元素的排序不符合要求, 就进行交换, 使左边(high)的元素值始终为大。连续调用三次 swap 后, 完成将一个三元素的数组元素从左到右按降序排列。

本 章 小 结

顺序语句(Sequential Statements)和并行语句(Concurrent Statements)是 VHDL 程序设计中两大基本描述语句系列。

顺序语句只能出现在进程或子程序中, 用来定义进程或子程序的算法。顺序语句可以进行算术、逻辑运算, 信号和变量的赋值, 子程序调用, 条件控制和迭代。VHDL 中常用的顺序语句有: 赋值语句、流程控制语句、等待语句、子程序调用语句、返回语句、空操作语句等。

VHDL 中, 并行语句有多种语句格式, 各种并行语句在结构体中的执行是同步进行的。更确切地讲, 并行语句间在执行顺序的地位上是平等的, 其执行顺序与书写顺序无关。在执行中, 并行语句之间可以有信息往来, 也可以是互相独立、互不相关的。常用的有七种并行语句, 分别是: 并行信号赋值语句、条件信号赋值语句、进程语句、块语句、元件例化语句、生成语句、并行过程调用语句。

习　　题

一、填空题

1. VHDL 语句可以分为(　　)和(　　)两类。

2. VHDL 的顺序语句只能出现在(　　)、函数和(　　)中, 是按照书写顺序自上而下一条一条执行的。

3. VHDL 用于仿真验证的高级顺序语句主要有(　　)、(　　)、(　　)、(　　)和(　　)语句。

4. VHDL 用于仿真验证的高级并行语句主要有(　　)、(　　)、(　　)、(　　)和(　　)语句。

5. VHDL 的进程(process)语句是由(　　)组成的，但其本身却是(　　)。

6. REPORT 语句是(　　)的语句，类似于 C 语言中的 printf 语句。

7. 生成语句(GENERATE)由(　　)、(　　)、(　　)和(　　)四部分组成。

8. 块语句(BLOCK)实现的是从(　　)上的划分，并非(　　)上的划分。

9. NEXT 语句主要用于在(　　)语句执行中进行有条件的或无条件的(　　)控制。

10. VHDL 中的断言语句主要用于(　　)、(　　)的人机对话，属于不可综合语句，综合中被忽略而不会生成逻辑电路，只用于检测某些电路模型是否正常工作等。

11. 过程调用语句属于 VHDL(　　)的一种类型。(　　)是一个 VHDL 程序模块，利用(　　)来定义和完成算法，应用它能更有效地完成重复性的设计工作。

12. 在进程中，当程序执行到 WAIT 语句时，运行程序将被(　　)，直到满足此语句设置的(　　)条件后，才重新开始执行进程或过程中的程序。

13. VHDL 总共定义了(　　)、(　　)、(　　)和(　　)四种信号属性供设计者使用。

14. VHDL 常用的预定义属性有(　　)、(　　)、(　　)、(　　)和(　　)五大类。

15. VHDL 的数值属性有(　　)、(　　)和(　　)三大类。

16. VHDL 的函数属性有(　　)、(　　)和(　　)三种。

17. 数据类型属性(Type Attributes)主要用于返回(　　)或子(　　)的基本(BASE)类型(Type)。

18. 数据区间的属性函数又称为(　　)，用于返回(　　)的指定数组类型的范围。

19. VHDL 系统的仿真延迟分为(　　)和(　　)两种。

20. (　　)是 VHDL 仿真中最重要的特性设置，为建立精确的(　　)，甚至可以不使用 VHDL 仿真器得到更接近实际的结果。

二、选择题

1. 在 VHDL 中为目标变量赋值的符号为(　　)。

A. =　　　　　　　B. <=　　　　　　C. :=　　　　　　D. :=

2. 在 VHDL 的并行语句之间中，只能用(　　)来传送信息。

A. 变量　　　　　B. 变量和信号　　　C. 信号　　　　　D. 常量

3. VHDL 块语句是并行语句结构，它的内部是由(　　)语句构成的。

A. 并行和顺序　　B. 顺序　　　　　　C. 并行　　　　　D. 任何

4. 下列语句中完全不属于顺序语句的是(　　)。

A. WAIT 语句　　B. NEXT 语句　　　C. ASSERT 语句　　D. REPORT 语句

5. 下列选项中不属于过程调用语句(PROCEDURE)参量表中可定义的流向模式的为(　　)。

A. IN　　　　　　B. INOUT　　　　　C. OUT　　　　　　D. LINE

6. 下列选项中不属于等待语句(WAIT)书写方式的为(　　)。

A. WAIT　　　　　　　　　　　　　B. WAIT ON 信号表

C. WAIT UNTILL 条件表达式　　　　D. WAIT FOR 时间表达式

7. 下列选项中不属于 NEXT 语句书写方式的为(　　)。

A. NEXT

B. NEXT LOOP 标号

C. NEXT LOOP 标号　WHEN 条件表达式

D. NEXT LOOP 标号　CASE 条件表达式

8. 下列选项中不属于 EXIT 语句书写方式的为(　　)。

A. EXIT　　　　　　　　　　　　B. EXIT LOOP 标号

C. EXIT LOOP 标号 WHEN 条件表达式　　D. EXIT LOOP 标号 CASE 条件表达式

9. 断言语句对错误的判断级别最高的是(　　)。

A. Note(通报)　　　　B. Warning(警告)　　C. Error(错误)　　D. Failure(失败)

10. 以下不是并行断言语句(ASSERTE)组成部分的是(　　)。

A. ASSERT　　　　　　B. REPORT　　　　　C. SEVERITY　　　D. EXIT

11. 下列语句中不完全属于并行语句的是(　　)。

A. REPORT 语句　　B. BLOCK 语句　　C. ASSERT 语句　　D. REPORT 语句

12. 除了块语句(BLOCK)之外,下列语句同样也可以将结构体的并行描述分成多个层次的是(　　)。

A. 元件例化语句(COMPONENT)　　　　B. 生成语句(GENERATE)

C. 报告语句(REPORT)　　　　　　　　D. 空操作语句(NULL)

13. 以下不是生成语句(GENERATE)组成部分的是(　　)。

A. 生成方式　　　B. 说明部分　　　C. 并行语句　　　D. 报告语句(REPORT)

14. 在 VHDL 中,用(　　)语句表示检测到时钟 clk 的上升沿。

A. clk' event　　　　　　　　　　B. clk' event and clk = '1'

C. clk = '0'　　　　　　　　　　　D. clk' event and clk = '0'

15. 若 S1 为"1010"、S2 为"0101",则下面程序执行后,outValue 的输出结果为(　　)。

```
library ieee;
use ieee.std_logic_1164.all;

entity ex is
    port(S1: in std_logic_vector(3 downto 0);
        S2: in std_logic_vector(0 to 3);
        outValue: out std_logic_vector(3 downto 0));
End ex;
architecture rtl of ex is
begin
outValue(3 downto 0) <= (S1(2 downto 0) and not S2(1 to 3)) & (S1(3) xor S2(0)) ;
end rtl;
```

A. 0101　　　　　B. 0100　　　　　C. 0001　　　　　D. 0000

16. 假设输入信号 a = "6"、b = "E",则以下程序执行后, c 的值为(　　)。

```
entity logic is
 port(a, b: in  std_logic_vector(3 downto 0);
```

```
        c: out std_logic_vector(7 downto 0));
    end logic;
    architecture a of logic is
      begin
        c(0) <= not a(0);
        c(2 downto 1) <= a(2 downto 1)    and    b(2 downto 1);
        c(3) <= '1'    xor    b(3);
        c(7 downto 4) <= "1111" when (a (2) = b(2))    else    "0000";
    end a;
```

A．F8　　　　　　　　　B．FF　　　　　　　C．F7　　　　　　　　　D．0F

17．下列属性描述中不属于 VHDL 属性的是(　　　)。

A．数值属性(Value Attributes)　　　　　　　B．过程属性(Process Attributes)

C．函数属性(Function Attributes)　　　　　　D．信号属性(Signal Attributes)

18．下列属性描述中不属于数值类型属性的是(　　　)。

A．Type_name' High　　　　　　　　　　　B．Type_name' Low

C．Type_name' Middle　　　　　　　　　　D．Type_name' Left

19．下列属性描述中不属于函数数组属性的是(　　　)。

A．Array_name' LEFT(n)　　　　　　　　　B．Array_name' High(n)

C．Array_name' Middle(n)　　　　　　　　D．Array_name' Low(n)

20．下列属性描述中不属于函数信号属性的是(　　　)。

A．Signal_name' EVENT　　　　　　　　　B．Signal_name' ACTIVE

C．Signal_name' FIRST_EVENT　　　　　　D．Signal_name' LAST_ACTIVE

21．下列属性描述中不属于信号属性的是(　　　)。

A．带 DELAYED(time)属性的信号 SIGNAL

B．带 STABLE(time)属性的信号 SIGNAL

C．带 QUIET (time)属性的信号 SIGNAL

D．带 TRANSITION 属性的信号 SIGNAL

22．下列过程不属于仿真周期的是(　　　)。

A．敏感条件成立或等待条件成立　　　　B．更新进程中的信号值

C．退出被激活的进程　　　　　　　　　D．执行每一个被激活的进程，直到被再次挂起

三、改错题

1．找出以下程序中的错误并改正。

```
    ...
    SIGNAL invalue:IN INTEGER RANGE 0 TO 7;
    SIGNAL outvalue:OUT STD_LOGIC;
    ...
    CASE    invalue    IS
        WHEN 0 =>    outvalue <= '1';
        WHEN 1 =>    outvalue <= '0';
```

```
END CASE;
    …
```

2. 找出以下程序中的错误并改正。

```
LIBRARY IEEE ;
USE IEEE.STD_LOGIC_1164.ALL;
ENTITY count IS
    PORT ( clk: IN    BIT;
                    q: OUT BIT_VECTOR(7 DOWNTO 0); );
    END count;
    ARCHITECTURE one OF count IS
    BEGIN
    PROCESS(clk)
        IF clk' EVENT AND clk = '1' THEN
            q <= q+1;
        END PROCESS;
    END one;
```

3. 找出以下程序中的错误并改正。

```
ARCHITECTURE one OF mux IS
    BEGIN
        q <= i0 WHEN a = '0' AND B = '0' ELSE '0';
        q <= i1 WHEN a = '0' AND B = '1' ELSE '0';
        q <= i2 WHEN a = '1' AND B = '0' ELSE '0';
        q <= i3 WHEN a = '1' AND B = '1' ELSE '0';
    END one;
```

4. 找出以下程序中的错误并改正。

```
PROCESS(…)
    IF a = b THEN
        c <= d;
    END IF;
    IF a = 4 THEN
        c <= d+1;
    END IF;
    END PROCESS;
```

5. 找出以下程序中的错误并改正。

```
ARCHITECTURE one OF com1 IS
    BEGIN
        VARIANLE a, b, c, clk:STD_LOGIC;
pro1:PROCESS
        BEGIN
```

```
        IF NOT(clk' EVENT AND clk = '1') THEN
            x <= a XOR b OR c;
        END IF;
    END PROCESS;
END one;
```

6. 找出以下程序中的错误并改正。

```
LIBRARY IEEE ;
 USE IEEE.STD_LOGIC_1164.ALL ;
 ENTITY CNT10 IS
   PORT (clk: IN    STD_LOGIC;
            q: OUT STD_LOGIC_VECTOR(3 DOWNTO 0)) ;
 END CNT10;
 ARCHITECTURE one OF CNT10 IS
   SIGNAL q1:OUT STD_LOGIC_VECTOR(3 DOWNTO 0);
BEGIN
  PROCESS(clk)
  BEGIN
   IF RISING_EDGE(clk) BEGIN
     IF q1<9 THEN
         q1 <= q1+1;
     ELSE
         q1 <= (OTHERS => '0');
     END IF;
    END IF;
  END PROCESS;
q <= q1;
END one;
```

实 训 项 目

❖❖❖❖❖❖　**实训一　7 段数码显示译码器设计**　❖❖❖❖❖❖

一、实训目的

(1) 学习 7 段数码显示译码器的设计。

(2) 学习 VHDL 的 CASE 语句应用及多层次设计方法。

二、实训仪器

(1) EDA 技术实训开发系统实训箱一台。

(2) PC 一台。

三、实训内容

实训内容 1：7 段数码是纯组合电路，通常的小规模专用 IC。如 74 或 4000 系列的器件只能作十进制 BCD 码译码，然而数字系统中的数据处理和运算都是二进制的，所以输出表达都是十六进制的。为了满足十六进制数的译码显示，最方便的方法就是利用译码程序在 FPGA/CPLD 中来实现。如图 5.7 所示数码管的 7 个段，高位在左，低位在右。例如当输出信号 LED7S 输出为 "1101101" 时，数码管的 7 个段：g、f、e、d、c、b、a 分别接 1、1、0、1、1、0、1；接有高电平的段发亮，于是数码管显示 "5"。注意，这里没有考虑表示小数点的发光管，如果要考虑，需要增加段 h，即程序代码中的 LED7S:OUT STD_LOGIC_VECTOR(6 DOWNTO 0) 应改为 LED7S:OUT STD_LOGIC_VECTOR(7 DOWNTO 0)。

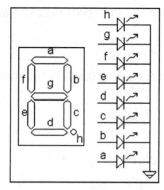

图 5.7　共阴数码管及其电路

在 Quartus Ⅱ上对该例进行编辑、编译、综合、适配、仿真，给出其所有信号的时序仿真波形。提示：用输入总线的方式给出输入信号仿真数据。仿真波形示例图如图 5.8 所示。

图 5.8　7 段译码器仿真波形

参考代码：

```
LIBRARY IEEE ;
USE IEEE.STD_LOGIC_1164.ALL ;
ENTITY DECL7S IS
 PORT ( A: IN   STD_LOGIC_VECTOR(3 DOWNTO 0);
     LED7S: OUT STD_LOGIC_VECTOR(6 DOWNTO 0)) ;
END;
ARCHITECTURE one OF DECL7S IS
BEGIN
 PROCESS( A )
 BEGIN
 CASE  A  IS
   WHEN "0000" =>    LED7S <= "0111111";
```

```
            WHEN "0001" =>    LED7S <= "0000110" ;
            WHEN "0010" =>    LED7S <= "1011011" ;
            WHEN "0011" =>    LED7S <= "1001111" ;
            WHEN "0100" =>    LED7S <= "1100110" ;
            WHEN "0101" =>    LED7S <= "1101101" ;
            WHEN "0110" =>    LED7S <= "1111101" ;
            WHEN "0111" =>    LED7S <= "0000111" ;
            WHEN "1000" =>    LED7S <= "1111111" ;
            WHEN "1001" =>    LED7S <= "1101111" ;
         WHEN "1010" =>    LED7S <= "1110111" ;
            WHEN "1011" =>    LED7S <= "1111100" ;
            WHEN "1100" =>    LED7S <= "0111001" ;
            WHEN "1101" =>    LED7S <= "1011110" ;
            WHEN "1110" =>    LED7S <= "1111001" ;
            WHEN "1111" =>    LED7S <= "1110001" ;
            WHEN OTHERS =>    NULL ;
            END CASE ;
          END PROCESS ;
       END ;
```

实训内容 2：引脚锁定及硬件测试。建议选 GW48 系统的实训电路模式 NO.6，用数码 8 显示译码输出(PIO46～PIO40)，键 8、键 7、键 6 和键 5 这四位控制输入，硬件验证译码器的工作性能。

实训内容 3：用例化语句，按图 5.9 的方式连接成顶层设计电路(用 VHDL 表述)。图中的 CNT4B 是一个 4 位二进制加法计数器；模块 DECL7S 即为该例实体元件，重复以上实训过程。注意图 5.9 中的 tmp 是 4 位总线，led 是 7 位总线。对于引脚锁定和实训，建议选电路模式 NO.6，用数码 8 显示译码输出，用键 3 作为时钟输入(每按 2 次键为 1 个时钟脉冲)，或直接接时钟信号 clock0。

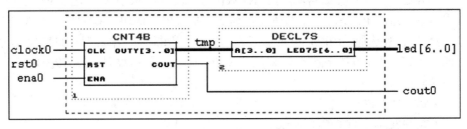

图 5.9　计数器和译码器连接电路的顶层文件原理图

四、实训步骤

(1) 文本编辑输入。

(2) 仿真测试。

(3) 引脚锁定。

(4) 硬件下载测试。

五、实训报告内容

根据以上的实训内容写出实训报告，包括程序设计、软件编译、仿真分析、硬件测试和实训过程；设计程序、程序分析报告、仿真波形图及其分析报告。

✦✦✦✦✦ **实训二　8 位数码扫描显示电路设计** ✦✦✦✦✦

一、实训目的

学习硬件扫描显示电路的设计。

二、实训仪器

(1) EDA 技术实训开发系统实训箱一台。

(2) PC 一台。

三、实训内容

如图 5.10 所示的是 8 位数码扫描显示电路，其中每个数码管的 8 个段：h、g、f、e、d、c、b、a(h 是小数点)都分别连在一起，8 个数码管分别由 8 个选通信号 K1、K2、…、K8 来选择。被选通的数码管显示数据，其余关闭。如在某一时刻，K3 为高电平，其余选通信号为低电平，这时仅 K3 对应的数码管显示来自段信号端的数据，而其他 7 个数码管呈现关闭状态。根据这种电路状况，如果希望在 8 个数码管显示希望的数据，就必须使得8 个选通信号 K1、K2、…、K8 分别被单独选通，并在此同时，在段信号输入口加上希望在该对应数码管上显示的数据，于是随着选通信号的扫变，就能实现扫描显示的目的。

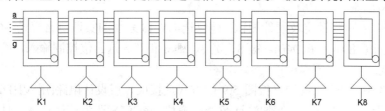

图 5.10　8 位数码扫描显示电路

参考程序中 CLK 是扫描时钟；SG 为 7 段控制信号，由高位至低位分别接 g、f、e、d、c、b、a 7 个段；BT 是位选控制信号，接图 5.10 中的 8 个选通信号：K1、K2、…、K8。程序中 CNT8 是一个 3 位计数器，做扫描计数信号，由进程 P2 生成；进程 P3 是 7 段译码查表输出程序；进程 P1 是对 8 个数码管选通的扫描程序，例如当 CNT8 等于 "001" 时，K2 对应的数码管被选通，同时，A 被赋值 3，再由进程 P3 译码输出 "1001111"，显示在数码管上即为"3"；当 CNT8 扫变时，将能在 8 个数码管上显示数据：13579BDF。

参考代码：

```
LIBRARY IEEE;
USE IEEE.STD_LOGIC_1164.ALL;
USE IEEE.STD_LOGIC_UNSIGNED.ALL;
ENTITY SCAN_LED IS
    PORT (    CLK: IN STD_LOGIC;
            SG: OUT STD_LOGIC_VECTOR(6 DOWNTO 0);      --段控制信号输出
            BT: OUT STD_LOGIC_VECTOR(7 DOWNTO 0));     --位控制信号输出
```

```
  END;
ARCHITECTURE one OF SCAN_LED IS
    SIGNAL CNT8: STD_LOGIC_VECTOR(2 DOWNTO 0);
    SIGNAL    A: INTEGER RANGE 0 TO 15;
BEGIN
P1:  PROCESS( CNT8 )
    BEGIN
        CASE   CNT8   IS
            WHEN "000" =>    BT <= "00000001" ; A <= 1 ;
            WHEN "001" =>    BT <= "00000010" ; A <= 3 ;
            WHEN "010" =>    BT <= "00000100" ; A <= 5 ;
            WHEN "011" =>    BT <= "00001000" ; A <= 7 ;
            WHEN "100" =>    BT <= "00010000" ; A <= 9 ;
            WHEN "101" =>    BT <= "00100000" ; A <= 11 ;
            WHEN "110" =>    BT <= "01000000" ; A <= 13 ;
            WHEN "111" =>    BT <= "10000000" ; A <= 15 ;
            WHEN OTHERS =>    NULL ;
        END CASE ;
    END PROCESS P1;
P2:  PROCESS(CLK)
    BEGIN
        IF CLK'EVENT AND CLK = '1' THEN CNT8 <= CNT8 + 1;
        END IF;
    END PROCESS P2 ;
P3:  PROCESS( A )        --译码电路
    BEGIN
     CASE   A   IS
        WHEN 0 =>  SG <= "0111111"; WHEN 1 =>   SG <= "0000110";
        WHEN 2 =>  SG <= "1011011"; WHEN 3 =>   SG <= "1001111";
        WHEN 4 =>  SG <= "1100110"; WHEN 5 =>   SG <= "1101101";
        WHEN 6 =>  SG <= "1111101"; WHEN 7 =>   SG <= "0000111";
        WHEN 8 =>  SG <= "1111111"; WHEN 9 =>   SG <= "1101111";
        WHEN 10 =>  SG <= "1110111"; WHEN 11 =>   SG <= "1111100";
        WHEN 12 =>  SG <= "0111001"; WHEN 13 =>   SG <= "1011110";
        WHEN 14 =>  SG <= "1111001"; WHEN 15 =>   SG <= "1110001";
        WHEN OTHERS =>    NULL ;
     END CASE ;
    END PROCESS P3;
END;
```

四、实训步骤

(1) 说明参考程序中各语句的含义以及该例的整体功能，对其进行编辑、编译、综合、适配、仿真，并给出仿真波形。

(2) 实训方式：若考虑小数点，SG 的 8 个段分别与 PIO49、PIO48、…、PIO42(高位在左)相连，BT 的 8 个位分别与 PIO34、PIO35、…、PIO41(高位在左)相连；电路模式不限。将 GW48EDA 系统数码管左边，有一个跳线帽跳下端"CLOSE"，平时跳上端"ENAB"，这时实训系统的 8 个数码管构成图 5.10 的电路结构，时钟 CLK 可选择 clock0，通过跳线选择 16 384 Hz 信号。引脚锁定后进行编译、下载和硬件测试实训。将实训过程和实训结果写进实训报告。

(3) 修改程序的进程 P1 中的显示数据直接给出的方式，增加 8 个 4 位锁存器，作为显示数据缓冲器，使得所有 8 个显示数据都必须来自缓冲器。缓冲器中的数据可以通过不同方式锁入，如来自 A/D 采样的数据、来自分时锁入的数据、来自串行方式输入的数据，或来自单片机等。

五、实训报告内容

根据以上的实训内容写出实训报告，包括程序设计、软件编译、仿真分析、硬件测试和详细实训过程；给出程序分析报告、仿真波形图及其分析报告。

第 6 章　有限状态机设计

通过对本章知识的学习，掌握状态机的基础知识、有限状态机的设计流程、Mealy 型和 Moore 型状态机的 VHDL 设计方法。

6.1　有限状态机概述

在数字电路中可以用状态图来描述电路的状态转变过程，同样，在 VHDL 中也可以通过有限状态机的方式来表示状态机的转换过程。大多数数字系统都可以划分为控制单元和被控制单元两部分：被控部分通常是功能单元，设计较容易；而控制单元通常可以用状态机和 CPU 实现(如单片机)。如果使用 CPU 实现时，则执行的速度与程序的设计有关；而如果使用有限状态机实现时，则执行的速度主要受限于计算新状态所需的时间。实践证明，在执行耗时和执行时间的确定性方面，状态机优于 CPU，因此状态机在数字系统设计中更为重要。

6.1.1　有限状态机的概念及特点

状态机是一种广义的时序电路，它不同于一般的时序逻辑电路。状态机内部状态的变化规律不再像计数器、移位寄存器那么简单，而是需要精心设计和规划。

状态机一般包含组合逻辑和寄存器逻辑两部分。寄存器逻辑用于存储状态，组合逻辑用于状态译码和产生输出信号。实际中，状态机的状态数是有限的，因此又称为有限状态机设计。本章将讲解有限状态机设计。

状态机的输出不仅与当前输入的信号有关，还与当前的状态有关。状态机有四个基本要素：现态、条件、动作和次态。

(1) 现态：指状态机当前所处的状态。

(2) 条件：又称为事件。即状态机状态转移条件，指状态机根据输入信号和当前状态决定下一个转移的状态。

(3) 动作：条件满足后执行的动作。动作执行完毕后，可以迁移到新的状态，也可以仍旧保持原状态。动作不是必需的，当条件满足后，也可以不执行任何动作，直接迁移到新状态。

(4) 次态：条件满足后要迁往新的状态。"次态"相当于"现态"而言，"次态"一旦被激活，就转变为新的"现态"了。

有限状态机是指输出取决于过去输入部分和当前输入部分的时序逻辑电路。一般来说，除了输入部分和输出部分外，有限状态机还含有一组具有"记忆"功能的寄存器，这些寄存器的功能是记忆有限状态机的内部状态，它们常被称为状态寄存器。在有限状态机中，状态寄存器的下一个状态不仅与输入信号有关，而且还与该寄存器的当前状态有关，因此有限状态机又可以认为是组合逻辑和寄存器逻辑的一种组合。其中，寄存器逻辑的功能是存储有限状态机的内部状态；而组合逻辑又可以分为次态逻辑和输出逻辑两部分，次态逻辑的功能是确定有限状态机的下一个状态，输出逻辑的功能是确定有限状态机的输出。

6.1.2　有限状态机的分类

输出信号可以由当前状态和当前输入信号决定，也可以只由当前状态决定。按照输出信号是否与输入信号有关，可将有限状态机分为 Moore 型(摩尔型)和 Mealy 型(米里型)。

Moore 型状态机的输出只与当前状态有关；而 Mealy 型状态机的输出不仅与当前状态有关，还与当前输入有关。Moore 型和 Mealy 型状态机模型分别如图 6.1(a)和图 6.1(b)所示。

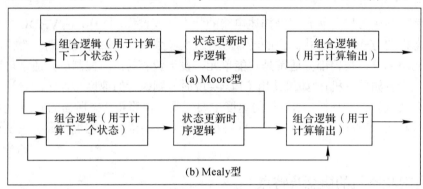

图 6.1　状态机模型

6.1.3　有限状态机的结构

1. 数据类型定义语句

VHDL 数据类型有标准预定义数据类型和用户自定义类型，标准数据预定义类型有整数类型、STD_LOGIC、BIT 等常用数据类型，用户自定义数据类型有枚举类型、记录类型等。

自定义数据类型主要是由用户型定义语句 TYPE 来实现的，其基本语法格式如下：

TYPE 数据类型名 IS 数据类型定义[OF 基本数据类型]；

说明：

(1) 数据类型名部分由设计者自定义，要符合标识符的规定。

(2) 数据类型定义部分用来描述所定义的数据类型的表达方式和表达内容。

(3) OF 后的基本数据类型，一般为已有的标准预定义数据类型，该部分不是必需的。

(4) 数据类型定义语句一般放在结构体的说明部分。

例如：

TYPE　a　IS　ARRAY (0 TO 7)　OF　STD_LOGIC；

该句定义了一个数据类型名称为 a，a 是一个具有 8 个元素的数组。8 个元素按顺序分别为 a(0)、a(1)、a(2)、a(3)、a(4)、a(5)、a(6)、a(7)，其中每个元素数据类型都是 STD_LOGIC。

例如：

    TYPE   week   IS   (sum, mon, tue, wed, thu, fri, sat);

该句定义了一个数据类型名称为 week，week 是一个具有 7 个元素的枚举数据类型。7 个元素是由字符组成的。

枚举数据类型是一种特殊的数据类型，一般用文字符号表示，主要是为了便于设计、阅读、编译和优化。在进行电路综合时，它用一组二进制数来编码，其实际电路是由一组触发器实现的。

例如：

    TYPE stste IS (st0, st1, st2, st3, st4);

    SIGNAL next_state, current_state:state;

该例首先定义了一个具有 5 个元素的枚举数据类型 state，5 个元素分别为 st0、st1、st2、st3、st4；然后定义了两个信号量 current 和 next，这两个信号的数据类型为上句定义的 state，即信号量 crrent 和 next 的取值范围只能是 state 所包含的 st0、st1、st2、st3、st4 这 5 个元素。

2. 状态机的结构

1) 状态机的说明部分

状态机的说明部分一般放在结构体的 ARCHITECTURE 和 BEGIN 之间。首先使用 TYPE 语句定义新的数据类型，并且一般将该数据类型定义为枚举型，其元素采用文字符号表示，作为状态机的状态名；然后用 SIGNAL 语句定义状态变量(如现态和次态)，将其数据类型定义为由 TYPE 语句定义的新的数据类型。例如：

    ARCHITECTURE ⋯ OF ⋯ IS

    TYPE   new_state   IS (s0, s1, s2, s3, s4);

    SIGNAL present_state, next_state, new_state;

    ...

    BEGIN

    ...

2) 状态机的进程部分

状态机的进程部分又可分为主控时序进程、主控组合进程和辅助进程。主控时序进程是指负责状态机运转和在时钟驱动下负责状态转换的进程，一般主控时序进程不负责下一状态的具体状态取值。主控组合进程的任务是根据外部输入的控制信号(包括来自状态机外部的信号和来自状态机内部其他非主控的组合或时序进程的信号)或(和)当前状态值确定下一状态的取值。辅助进程用于配合状态机工作的组合进程或时序进程。

有限状态机的描述方式有三进程、双进程和单进程三种方式。

三进程描述方式是指在 VHDL 语言程序的结构体中，使用三个进程语句来描述有限状态机的功能。其中，一个进程用来描述有限状态机中的次态逻辑；又一个进程用来描述有限状态机中的状态寄存器；再一个进程用来描述有限状态机中的输出逻辑。

双进程描述方式是指在 VHDL 语言程序的结构体中，使用两个进程语句来描述有限状态机的功能。其中，一个进程语句用来描述有限状态机中次态逻辑、状态寄存器和输出逻辑中的任何两个；另外一个进程则用来描述有限状态机剩余的功能。

单进程描述方式是指在 VHDL 语言程序的结构体中，使用一个进程语句来描述有限状态机中的次态逻辑、状态寄存器和输出逻辑。

各进程的结构模型描述如下：

(1) 三进程状态机基本结构。

```
     P1:  PROCESS (clk, rst)                    --同步时序进程，在时钟驱动下，进行状态转换
     BEGIN
     IF rst = '1'   THEN present_state <= 初始状态;   --复位，由现态转入初始状态
     ELSIF clk' EVENT AND clk = '1'   THEN
        present_state <= next_state;            --时钟上升延时，由现态转入次态
     END IF;
       END PROCESS;
     P2:  PROCESS(present_state, 输入信号)
                                   --状态转移进程，根据现态和输入条件，给次态赋值
        BEGIN
        CASE present_state IS
           WHEN 初始状态 =>
                IF 转换条件   THEN   次态赋值;
             ...
                END IF;
             ...                        --其他所有转换状态的描述
        END   CASE;
        END PROCESS;
     P3:  PROCESS(present_state; 输入信号)        --输入描述进程(Mealy 型)
        BEGIN
        CASE   present_state   IS
           WHEN 初始状态 =>
                IF   输入信号的变化   THEN
                     输出赋值;          --输入值由当前状态值与输入信号共同决定
             ...
                END   IF;
             ...
           END   CASE
        END   PROCESS
```

或者

```
     P3:  PROCESS(present_state, 输入信号)           --输入描述进程(Moore 型)
     BEGIN
        CASE   present_state   IS
           WHEN 初始状态 => 输入赋值;        --输出值仅由当前状态决定
             ...                              --其他所有状态下输出的描述
```

```
        ENG CASE;
      END   PROCESS;
```

　　进程 P1 和进程 P2 描述的是相对固定的；进程 P3 可以用其他方法描述，如用 WHEN …ELSE 语句、SELECT 语句描述等。若将进程 P2 和 P3 合成一个进程描述，即为双进程状态机结构。

　　(2) 双进程状态机基本结构。

```
    P1:  PROCESS (clk, rst)              --同步时序进程，在时钟驱动下，进行状态转换
    BEGIN
    IF rst = '1'  THEN present_state <= 初始状态;     --复位，由现态转入初始状态
    ELSIF clk' EVENT   AND clk = '1'   THEN
        present_state <= next_state;                 --时钟上升沿，由现态转入次态
    END IF;
      END PROCESS;
    P2:  PROCESS(present_state, 输入信号)          --状态转移及输出描述进程
        BEGIN
            CASE present_state IS
                WHEN  初始状态 =>
                    IF 转换条件   THEN   次态赋值;
                    ENG  IF;
    IF 转换条件   THEN   次态赋值;
                    END IF;
                    ...                       --其他所有转换状态的描述
            END   CASE;
        END   PROCESS;
```

　　双进程状态机中进程 P1 是一个时序进程，在时钟上升沿时进行状态转换，即将下一个状态赋值给当前状态，但并不决定下一个状态的取值；进程 P2 是一个组合进程，根据当前状态值和外部输入信号，决定下一个状态的取值和输出值。如果将两个进程合成一个进程描述，则为单进程状态机结构。

　　(3) 单进程状态机基本结构。

```
    PROCESS (clk, rst)
    BEGIN
      IF rst = '1'   THEN present_state <= 初始状态;
          输出赋初值;
      ELSIF clk'   EVENT   AND clk = '1' THEN
      CASE   Present_state IS
        WHEN  初始状态 =>
        IF  转换条件  THEN  当前状态赋值;
        END IF;
        IF  转换条件  THEN  输出赋值;
```

```
        END IF;
           ...
        END   CASE;
      END   IF;
     END   PROCESS;
```

    单进程状态机是一个时序进程，其输出值是在时钟上升沿时锁存输出，避免了输出出现毛刺现象；而双进程和三进程的状态机中，其输出是由组合进程产生的，难免出现毛刺现象。但从输出时序上看，单进程状态机输出信号要比多进程状态机输出信号晚一个时钟周期输出。

    以上三种状态机进程描述模型，读者在学习阶段可以根据自己的理解选择其中之一详细掌握。灵活使用之后，可对三种模型进行比较理解和运用。

6.1.4　有限状态机的设计流程

1. 理解问题背景

    状态机往往是由于解决实际问题的需要而引入的，因此深刻理解实际问题的背景对设计符合要求的状态机十分重要。简单地说，就是设计人员需要了解设计问题的相关细节和重点。

2. 逻辑抽象、得出状态转换图

    状态转换图是实际问题与使用 VHDL 描述状态机之间的桥梁。实际上，往往绘制出状态转换图就能很容易地用 VHDL 实现状态机。

3. 状态简化

    如果在状态转换图中出现这样两个状态，即它们在相同的输入下转移到同一状态去，并得到一样的输出，则称它们为等价状态。显然等价状态是重复的，可以合并为一个。电路的状态越少，存储电路也就越简单，硬件资源的耗费也就越少。状态简化的目的就在于将等价状态尽可能地合并，以得到最简的状态转换图。

4. 状态编码

    状态机通常有很多编码方法，编码方案选择得当，设计的电路可以很简单。实际设计时，需综合考虑电路复杂度与电路性能之间的折中。在触发器资源丰富的 FPGA 或 ASIC 设计中采用独立热编码，这样既可以使电路性能得到保证，又可以充分利用其触发器数量多的优势。状态分配的工作一般由综合器自动完成，并可以设置分配方式。

5. 形成状态转换图

    同样一个状态机设计问题，可能有很多不同的状态转换图构造结果，这是由于设计者的设计经验不同造成的。在状态不是太多的情况下，状态转换图可以直观地给出各种状态的转换关系及转换条件。

6. 用 VHDL 实现有限状态机

    可以充分发挥硬件描述语言的抽象建模能力，使用进程语句中的 CASE、IF 等条件语句及赋值语句即可方便实现有限状态机。

6.2 Moore 型状态机的设计

对于 Moore 型状态机，输出仅由其所处的状态(现态)决定，与当前的输入无关。从输出时序看，只有当时钟信号变化使状态发生变化时才导致输出的变化，因此 Moore 型是同步输出状态机。

下面以序列检测器检测(检测 "1111" 信号)为例，分别列出以三进程、双进程和单进程方式实现的 VHDL 描述。

6.2.1 单进程 Moore 型状态机

【例 6-1】 序列检测——单进程。

```
LIBRARY IEEE;
USE IEEE.STD_LOGIC_1164.ALL;
ENTITY fsm   IS
    PORT(clk, reset, cin:IN STD_LOGIC;
         result:OUT STD_LOGIC);
END;
ARCHITECTURE bhv OF fsm IS
    TYPE istate IS(start, s0, s1, s2, s3);
    SIGNAL state:istate;
BEGIN
P1:PROCESS(clk)
BEGIN
    IF clk'  EVENT AND clk = '1'   THEN
        IF reset = '1'   THEN state <= start; result   <=   '0';
        ELSE
            CASE state IS
            WHEN start => result <= '0';
                    IF cin = '0' THEN state <= start;
                            ELSE state <= s0;
                            END IF;
             WHEN s0 => result <= '0';
                    IF cin = '0' THEN state <= start;
                        ELSE   state <= s1;
                        END   IF;
            WHEN s1 => result <= '0';
            IF cin = '0' THEN state <= start;
               ELSE state <= s2;
               END   IF;
```

```
        WHEN s2 => result <= '0';
                IF cin = '0' THEN state <= start;
                ELSE    state <= s3;
                END   IF;
        WHEN s3 => result <= '1';
                IF cin = '0' THEN state <= start;
                ELSE    state <= s0;
                    END   IF;
        WHEN OTHERS => NULL;
            END CASE;
        END   IF;
        END   IF;
    END PROCESS;
    END;
```

序列检测器——单进程结构仿真波形如图 6.2 所示。

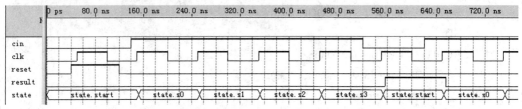

图 6.2　序列检测器——单进程结构仿真波形

6.2.2　多进程 Moore 型状态机

1. 三进程描述

【例 6-2】　序列检测——三进程。

```
LIBRARY IEEE;
USE IEEE.STD_LOGIC_1164.ALL;
ENTITY fsm    IS
    PORT(clk, reset, cin:IN STD_LOGIC;
result:OUT STD_LOGIC);
END;
ARCHITECTURE bhv OF fsm IS
    TYPE state IS(start, s0, s1, s2, s3);          --用枚举类型定义状态，简单直观
    SIGNAL current_state, next_state:state;        --定义存储现态和次态的信号
BEGIN
P1:PROCESS(clk)    --状态更新进程
BEGIN
    IF clk' EVENT   AND    clk = '1'    THEN
```

```vhdl
                IF reset = '1' THEN current_state <= start;
                ELSE current_state <= next_state;
                END   IF;
          END   IF;
          END PROCESS;
          P2:process(current_state, cin)                --次态产生进程
          BEGIN
              CASE current_state   IS
                  WHEN start => IF cin = '0' THEN next_state <= start;
                              ELSE   next_state <= s0;
                              END   IF;
                  WHEN s0 => IF cin = '0' THEN next_state <= start;
                              ELSE   next_state <= s1;
                              END   IF;
                  WHEN s1 => IF cin = '0' THEN next_state <= start;
                              ELSE   next_state <= s2;
                              END   IF;
                  WHEN s2 => IF cin = '0' THEN next_state <= start;
                              ELSE   next_state <= s3;
                              END   IF;
                  WHEN s3 => IF cin = '0' THEN next_state <= start;
                              ELSE   next_state <= s0;
                              END   IF;
                  WHEN OTHERS => NULL;
              END CASE;
          END PROCESS;
          P3:process(current_state)                --输出信号产生进程
          BEGIN
              CASE current_state   IS
                  WHEN start => result <= '0';
                  WHEN s0 => result <= '0';
                  WHEN s1 => result <= '0';
                  WHEN s2 => result <= '0';
                  WHEN s3 => result <= '1';
                  WHEN   OTHERS => NULL;
              END CASE;
          END PROCESS;
          END;
```

结构体描述部分为三个部分：

　　第一部分用于描述状态更新，同步复位后当前状态 current_state 被置为初始状态"start"，否则在 clk 时钟的同步下完成状态的更新，即把 current_state 更新为 next_state。

　　第二部分用于产生下一个状态，是状态机中最关键的部分。fsm 根据状态转换图，检测输入信号的状态，并决定当前状态的下一状态(next_state)的取值。例 6-2 中，当前状态的下一状态取值由输入信号 cin 决定。

　　第三部分用于产生输出逻辑，也是 Moore 型状态机和 Mealy 型状态机的区别点。例 6-2 为 Moore 状态机，其输出只与当前状态有关，因此敏感信号表中只列出 current_state。本程序的仿真波形如图 6.3 所示。

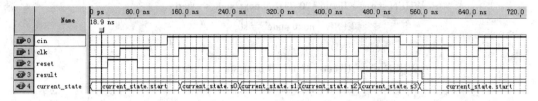

图 6.3　序列检测器——三进程结构仿真波形

2. 双进程描述

　　双进程模式将三进程模式下的下一状态产生部分和输出信号产生部分这两个组合的逻辑部分合并起来。

　　【例 6-3】　序列检测——双进程。

```
LIBRARY IEEE;
USE IEEE.STD_LOGIC_1164.ALL;
ENTITY fsm  IS
    PORT(clk, reset, cin:IN STD_LOGIC;
        result:OUT STD_LOGIC);
END;
ARCHITECTURE bhv OF fsm IS
    TYPE state IS(start, s0, s1, s2, s3);        --用枚举类型定义状态，简单直观
    SIGNAL current_state, next_state:state;      --定义存储现态和次态的信号
BEGIN
P1:PROCESS(clk)  --状态更新进程
BEGIN
    IF clk'  EVENT   AND   clk = '1'   THEN
    IF reset = '1'   THEN current_state <= start;
    ELSE current_state <= next_state;
    END   IF;
END   IF;
END PROCESS;
P2:process(current_state, cin)                   --次态产生进程
BEGIN
```

```
CASE current_state   IS
    WHEN start => IF cin = '0' THEN next_state <= start;
            ELSE   next_state <= s0;
            END   IF;
            result <= '0';
    WHEN s0 => IF cin = '0' THEN next_state <= start;
            ELSE   next_state <= s1;
            END   IF;
            result <= '0';
    WHEN s1 => IF cin = '0' THEN next_state <= start;
            ELSE   next_state <= s2;
            END   IF;
            result <= '0';
    WHEN s2 => IF cin='0' THEN next_state <= start;
            ELSE   next_state <= s3;
            END   IF;
            result <= '0';
    WHEN s3 => IF cin = '0' THEN next_state <= start;
            ELSE   next_state <= s0;
            END   IF;
            result <= '1';
    WHEN OTHERS => NULL;
END CASE;
END PROCESS;
END;
```

结构体描述分为两个部分,第一部分用于描述状态更新进程,它是时序程序;第二部分用于描述当前状态下的输出信号以及下一个状态逻辑,它是组合逻辑。由于只是将两个描述组合电路的进程合并,因此其综合和仿真结果不会变,仿真波形如图 6.4 所示,与图 6.3 所示的波形相同。

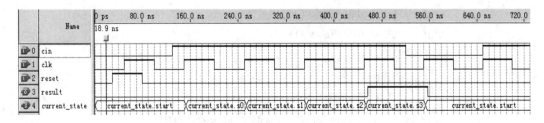

图 6.4　序列检测器——双进程结构仿真波形

从输出时序上看,单进程的输出值 result 在状态发生变化时,延迟一个时钟输出;而双进程(和三进程)的输出值 result 在状态发生变化时,即可发生变化。

6.3　Mealy 型状态机的设计

对于 Mealy 型状态机，输出信号值根据当前的状态值和外部输入的信号值来确定，一旦输入信号或状态发生变化，输出信号立即发生变化。

【例 6-4】　根据状态转换图(见图 6.5)，采用单进程实现。

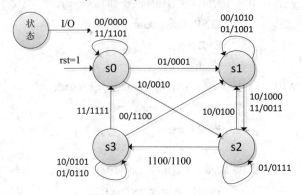

图 6.5　状态转换图

LIBRARY IEEE;

USE IEEE.STD_LOGIC_1164.ALL;

ENTITY example　IS

　　PORT(a:IN STD_LOGIC_VECTOR(1 DOWNTO 0);

　　　　　clk, reset: IN STD_LOGIC;

q:OUT STD_LOGIC_VECTOR(3 DOWNTO 0));

END;

ARCHITECTURE bhv OFexample IS

　　TYPE istate IS(s0, s1, s2, s3);

　　SIGNAL state:istate;

BEGIN

PROCESS(clk, reset)

BEGIN

　　IF reset = '1' THEN state <= s0;

　　ELSEIF　RISING_EDGE(clk)　THEN

　　　　　　CASE state IS

　　　　　　WHEN s0 =>

　　　　　　　　IF a = '00' THEN state <= s0; q <= "0000";

　　　　　　　　ELSEIF a = '01' THEN state <= s1; q <= "0001";

ELSEIF a = '10' THEN state <= s2; q <= "0010";

ELSE state <= s0; q <= "1101";

　　　　　　　　END IF;

```
        WHEN s1 =>
            IF a = '00' THEN state <= s1; q <= "1010";
            ELSEIF a = '01' THEN state <= s1; q <= "1001";
            ELSEIF a = '10' THEN state <= s2; q <= "1000";
            ELSE state <= s2; q <= "0011";
            END   IF;
        WHEN s2 =>
            IF a = '00' THEN state <= s2; q <= "0111";
            ELSEIF a = '10' THEN state <= s1; q <= "0100";
            ELSE state <= s3; q <= " 1110" ;
            END   IF;
        WHEN s3 =>
            IF a = '00' THEN state <= s1; q <= "1100";
            ELSEIF a = '01' THEN state <= s3; q <= "0110";
            ELSEIF a = '10' THEN state <= s3; q <= "0101";
            ELSE state <= s0; q <= "1111";
            END   IF;
        WHEN OTHERS => q <= "0000"; state <= s0;
            END CASE;
                END   IF;
    END PROCESS;
    END;
```

请读者对比单进程 Moore 型状态机和 Mealy 型状态机的异同，分别使用双进程和三进程方法实现上述 Mealy 型状态机。

本 章 小 结

状态机作为一种特殊的时序电路，可以有效地管理系统执行中的步骤，它类似于计算机中的 CPU。因此，状态机不仅仅是一种电路，而且是一种设计思想，贯穿于数字系统设计中。熟练掌握状态机的设计方法和 VHDL 描述，可以迅速提升设计者的硬件电路设计水平。

在状态机的三种描述中，双进程和三进程模式都是组合逻辑和时序逻辑分开描述，因而能使状态转移同步于时钟信号，构建同步状态机；而其结果可以直接输出，但电路需要寄存两个状态(current_state 现态和 next_state 次态)。

单进程模式比较简洁，且较符合思维习惯，但其输出信号要经过触发器与时钟信号同步，因而被延迟一个时钟周期输出。单进程状态机的这个特性，一方面使状态机的输出信号经常被用做其他模块的控制信号，需要同步于时钟信号；另一方面使输出经过触发器被延迟一个时钟周期，不能即刻反映状态的变化。

习　题

一、程序填空题

1. 在下面横线上填上合适的语句，完成状态机的设计。

说明：设计一个双进程状态机，状态 0 时如果输入"10"则转为下一状态，否则输出"1001"；状态 1 时如果输入"11"则转为下一状态，否则输出"0101"；状态 2 时如果输入"01"则转为下一状态，否则输出"1100"；状态 3 时如果输入"00"则转为状态 0，否则输出"0010"。复位时为状态 0。

```
LIBRARY IEEE;
USE IEEE.STD_LOGIC_1164.ALL;
USE IEEE.STD_LOGIC_UNSIGNED.ALL;
ENTITY MOORE1 IS
PORT (DATAIN: IN STD_LOGIC_VECTOR(1 DOWNTO 0);
          CLK, RST:IN STD_LOGIC;
          Q: OUT STD_LOGIC_VECTOR(3 DOWNTO 0));
END;
ARCHITECTURE ONE OF MOORE1 IS
TYPE ST_TYPE IS (ST0, ST1, ST2, ST3);        --定义 4 个状态
SIGNAL CST, NST: ST_TYPE;                     --定义两个信号(现态和次态)
SIGNAL Q1:STD_LOGIC_VECTOR(3 DOWNTO 0);
BEGIN
REG: PROCESS(CLK, RST)                        --主控时序进程
BEGIN
IF RST = '1' THEN    CST <= _____;      --异步复位为状态 0
ELSIF CLK'EVENT AND CLK = '1' THEN
CST <= _____;                           --现态=次态
    END IF;
END PROCESS;
COM: PROCESS(CST, DATAIN)
BEGIN
    CASE CST IS
          WHEN ST0 =>   IF DATAIN = "10" THEN NST <= ST1;
                    ELSE NST <= ST0; Q1 <= "1001"; END IF;
          WHEN ST1 =>   IF DATAIN = "11" THEN NST <= ST2;
                    ELSE NST <= ST1; Q1 <= "0101"; END IF;
          WHEN ST2 =>   IF DATAIN = "01" THEN NST <= ST3;
```

```
                    ELSE NST <= ST2; Q1 <= "1100"; END IF;
            WHEN ST3 =>   IF DATAIN="00" THEN NST <= ST0;
                    ELSE NST <= ST3; Q1 <= "0010"; END IF;
    _____;
    END PROCESS;
    Q <= Q1;
    END;
```

2. 在下面横线上填上合适的语句，完成序列信号发生器的设计。

说明：已知发送信号为"10011010"，要求以由高到低的序列形式一位一位的发送，发送开始前及发送完为低电平。

```
    LIBRARY IEEE;
    USE IEEE.STD_LOGIC_1164.ALL;
    ENTITY XULIE IS
    PORT (RES, CLK: IN STD_LOGIC;
            Y: OUT STD_LOGIC );
    END;
    ARCHITECTURE ARCH OF XULIE IS
    SIGNAL REG:STD_LOGIC_VECTOR(7 DOWNTO 0);
    BEGIN
    PROCESS(CLK, RES)
    BEGIN
       IF(CLK'  EVENT AND CLK = '1') THEN
          IF RES = '1' THEN
             Y <= '0';   REG <= _____;         --同步复位，并加载输入
          ELSE    Y <= _____;                  --高位输出
                REG <= _____;                  --左移，低位补 0
          END IF;
        END IF;
    END PROCESS;
    END;
```

3. 在下面横线上填上合适的语句，完成一个"01111110"序列信号检测器的设计。

```
    LIBRARY IEEE;
    USE IEEE.STD_LOGIC_1164.ALL;
    ENTITY DETECT IS
     PORT( DATAIN:IN STD_LOGIC;
            CLK:IN STD_LOGIC;
            Q:BUFFER STD_LOGIC);
    END DETECT;
```

```
ARCHITECTURE ART OF DETECT IS
TYPE STATETYPE IS (S0, S1, S2, S3, S4, S5, S6, S7, S8);
BEGIN
   PROCESS(CLK)
      VARIABLE_____:_____;
   BEGIN
     Q <= '0';
     CASE PRESENT_STATE IS
       WHEN S0 =>
          IF DATAIN='0' THEN PRESENT_STATE := S1;
          ELSE PRESENT_STATE := S0; END IF;
        WHEN S1 =>
          IF DATAIN = '1' THEN PRESENT_STATE := S2;
          ELSE PRESENT_STATE := S1; END IF;
        WHEN S2 =>
          IF DATAIN = '1' THEN PRESENT_STATE := S3;
          ELSE PRESENT_STATE := S1; END IF;
        WHEN S3 =>
          IF DATAIN='1' THEN PRESENT_STATE := S4;
          ELSE PRESENT_STATE := S1; END IF;
        WHEN S4 =>
          IF DATAIN = '1' THEN PRESENT_STATE := S5;
          ELSE PRESENT_STATE := S1; END IF;
        WHEN S5 =>
          IF DATAIN = '1' THEN PRESENT_STATE := S6;
          ELSE PRESENT_STATE := S1; END IF;
        WHEN S6 =>
          IF DATAIN = '1' THEN PRESENT_STATE := S7;
          ELSE PRESENT_STATE := S1; END IF;
        WHEN S7 =>
          IF DATAIN = '0' THEN PRESENT_STATE := S8;
          Q <= '1'; ELSE PRESENT_STATE := S0; END IF;
        WHEN S8 =>
          IF DATAIN = '0' THEN PRESENT_STATE := _____;
          ELSE PRESENT_STATE := _____; END IF;
     END CASE;
     _____CLK = '1';
   END PROCESS;
```

　　END ART;

二、设计题

1. 已知图 6.6 为状态转移图，请使用 VHDL 语言完成对该状态机的设计。

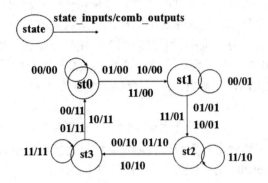

图 6.6　习题二(1)状态转移图

2. 已知图 6.7 为状态转移图，请使用 VHDL 语言完成对该状态机的设计。

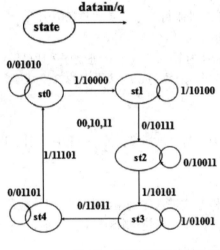

图 6.7　习题二(2)状态转移图

实 训 项 目

◆◆◆◆◆◆　　实训一　序列检测器设计　　◆◆◆◆◆◆

一、实训目的

用状态机实现序列检测器的设计，了解一般状态机的设计与应用。

二、实训仪器

(1) EDA 技术实训开发系统实训箱一台。

(2) PC 一台。

三、实训内容

序列检测器可用于检测一组或多组由二进制码组成的脉冲序列信号，当序列检测器连续收到一组串行二进制码后，如果这组码与检测器中预先设置的码相同，则输出 1，否则输出 0。由于这种检测的关键在于正确码的收到必须是连续的，因此就要求检测器必须记住前一次的正确码及正确序列，直到在连续的检测中所收到的每一位码都与预置数的对应码相同。在检测过程中，任何一位不相等都将回到初始状态重新开始检测。设计序列检测器完成对序列数"11100101"的检测，当这一串序列数高位在前(左移)串行进入检测器后，若此数与预置的密码数相同，则输出"A"，否则仍然输出"B"。

四、实训步骤

利用 Quartus Ⅱ对参考代码进行文本编辑输入、仿真测试并给出仿真波形，了解控制信号的时序，最后进行引脚锁定并完成硬件测试。建议选择电路模式 No.8，用键 7(PIO11)控制复位信号 CLR；键 6(PIO9)控制状态机工作时钟 CLK；待检测串行序列数输入 DIN 接PIO10(左移，最高位在前)；指示输出 AB 接 PIO39～PIO36(显示于数码管 6)。

下载后：

① 按实训箱"系统复位"键；

② 用键 2 和键 1 输入 2 位十六进制待测序列数"11100101"；

③ 按键 7 复位(平时数码 6 指示显"B")；

④ 按键 6(CLK) 8 次，这时若串行输入的 8 位二进制序列码(显示于数码 2/1 和发光管D8～D0)与预置码"11100101"相同，则数码 6 应从原来的 B 变成 A，表示序列检测正确，否则仍为 B。

五、实训报告内容

根据以上的实训内容写出实训报告，包括设计原理、程序设计、程序分析、仿真分析、硬件测试和详细的实训过程。

六、思考题

如果待检测预置数必须以右移方式进入序列检测器，写出该检测器的 VHDL 代码(两进程符号化有限状态机)，并提出测试该序列检测器的实训方案。

参考代码：

```
LIBRARY IEEE ;
USE IEEE.STD_LOGIC_1164.ALL;
ENTITY SCHK IS
    PORT(DIN, CLK, CLR: IN STD_LOGIC; --串行输入数据位/工作时钟/复位信号
        AB: OUT STD_LOGIC_VECTOR(3 DOWNTO 0)); --检测结果输出
END SCHK;
ARCHITECTURE behav OF SCHK IS
    SIGNAL Q: INTEGER RANGE 0 TO 8;
    SIGNAL D: STD_LOGIC_VECTOR(7 DOWNTO 0); --8 位待检测预置数(密码=E5H)
BEGIN
    D <= "11100101"; --8 位待检测预置数
    PROCESS( CLK, CLR )
```

```
BEGIN
IF CLR = '1' THEN        Q <= 0 ;
    ELSIF    CLK' EVENT AND CLK = '1' THEN    --时钟到来时，判断并处理当前输入的位
CASE Q IS
    WHEN 0 =>      IF DIN = D(7) THEN Q <= 1 ; ELSE Q <= 0 ; END IF ;
    WHEN 1 =>      IF DIN = D(6) THEN Q <= 2 ; ELSE Q <= 0 ; END IF ;
    WHEN 2 =>      IF DIN = D(5) THEN Q <= 3 ; ELSE Q <= 0 ; END IF ;
    WHEN 3 =>      IF DIN = D(4) THEN Q <= 4 ; ELSE Q <= 0 ; END IF ;
    WHEN 4 =>      IF DIN = D(3) THEN Q <= 5 ; ELSE Q <= 0 ; END IF ;
    WHEN 5 =>      IF DIN = D(2) THEN Q <= 6 ; ELSE Q <= 0 ; END IF ;
    WHEN 6 =>      IF DIN = D(1) THEN Q <= 7 ; ELSE Q <= 0 ; END IF ;
    WHEN 7 =>      IF DIN = D(0) THEN Q <= 8 ; ELSE Q <= 0 ; END IF ;
    WHEN OTHERS =>    Q <= 0;
        END CASE;
      END IF;
END PROCESS;
PROCESS( Q )                         --检测结果判断输出
BEGIN
    IF Q = 8    THEN    AB <= "1010";       --序列数检测正确，输出 “A”
    ELSE                AB <= "1011";       --序列数检测错误，输出 “B”
      END IF;
    END PROCESS;
  END behav;
```

✦✦✦✦✦✦　实训二　VHDL 状态机 A/D 采样控制电路实现　✦✦✦✦✦✦

一、实训目的

学习用状态机对 A/D 转换器 ADC0809 的采样控制电路的实现。

二、实训原理

ADC0809 是 CMOS 的 8 位 A/D 转换器，片内有 8 路模拟开关，可控制 8 个模拟量中的一个进入转换器。其转换时间约 100 μs，含锁存控制的 8 路多路开关，输出由三态缓冲器控制，单 5 V 电源供电。

主要控制信号如图 6.8 所示：START 是转换启动信号，高电平有效；ALE 是 3 位通道选择地址(ADDC、ADDB、ADDA)信号的锁存信号。当模拟量送至某一输入端(如 IN1 或 IN2 等)，则由 3 位地址信号选择，而地址信号由 ALE 锁存；EOC 是转换情况状态信号，当启动转换约 100 μs 后，EOC 产生一个负脉冲，以示转换结束；在 EOC 的上升沿后，若使输出使能信号 OE 为高电平，则控制打开三态缓冲器，把转换好的 8 位数据结果输至数据总线，至此 ADC0809 的一次转换结束。

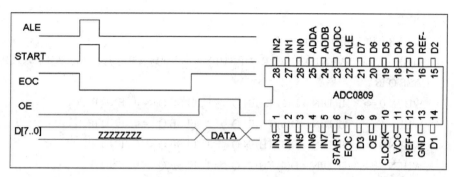

图 6.8　ADC0809 工作时序

参考代码：

```
    LIBRARY IEEE;
    USE IEEE.STD_LOGIC_1164.ALL;
    ENTITY ADCINT IS
        PORT(D: IN STD_LOGIC_VECTOR(7 DOWNTO 0);      --来自 0809 转换好的 8 位数据
            CLK: IN STD_LOGIC;                        --状态机工作时钟
            EOC: IN STD_LOGIC;                        --转换状态指示，低电平表示正在转换
            ALE: OUT STD_LOGIC;                       --8 个模拟信号通道地址锁存信号
            START: OUT STD_LOGIC;                     --转换开始信号
            OE: OUT STD_LOGIC;                        --数据输出 3 态控制信号
            ADDA: OUT STD_LOGIC;                      --信号通道最低位控制信号
            LOCK0: OUT STD_LOGIC;                     --观察数据锁存时钟
            Q: OUT STD_LOGIC_VECTOR(7 DOWNTO 0));     --8 位数据输出
    END ADCINT;
    ARCHITECTURE behav OF ADCINT IS
    TYPE states IS (st0, st1, st2, st3, st4) ;              --定义各状态子类型
        SIGNAL current_state, next_state: states   := st0 ;
        SIGNAL REGL: STD_LOGIC_VECTOR(7 DOWNTO 0);
        SIGNAL LOCK: STD_LOGIC;                    -- 转换后数据输出锁存时钟信号
    BEGIN
    ADDA <= '1';  --当 ADDA <= '0'，模拟信号进入通道 IN0；当 ADDA <= '1'，则进入通道 IN1
    Q <= REGL; LOCK0 <= LOCK;
        COM: PROCESS(current_state, EOC)BEGIN    --规定各状态转换方式
        CASE current_state IS
            WHEN st0 =>ALE <= '0'; START <= '0'; LOCK <= '0'; OE <= '0'; next_state <= st1; --0809 初始化
            WHEN st1 => ALE <= '1'; START <= '1';  LOCK <= '0'; OE <= '0'; next_state <= st2; --启动采样
            WHEN st2 =>   ALE <= '0'; START <= '0'; LOCK <= '0'; OE <= '0';
            IF (EOC = '1') THEN next_state <= st3; --EOC = 1 表明转换结束
            ELSE next_state <= st2; END IF;     --转换未结束，继续等待
            WHEN st3 =>   ALE <= '0'; START <= '0'; LOCK <= '0'; OE <= '1'; next_state <= st4;
```

--开启 OE, 输出转换好的数据

```
    WHEN st4 =>    ALE <= '0'; START <= '0'; LOCK <= '1'; OE <= '1'; next_state    <=    st0;
    WHEN OTHERS =>    next_state <= st0;
    END CASE;
  END PROCESS COM;
   REG: PROCESS (CLK)
    BEGIN
     IF (CLK' EVENT AND CLK = '1') THEN current_state <= next_state; END IF;
    END PROCESS REG;        -- 由信号 current_state 将当前状态值带出此进程: EG
  LATCH1: PROCESS (LOCK) -- 此进程中, 在 LOCK 的上升沿, 将转换好的数据锁入
       BEGIN
        IF LOCK = '1' AND LOCK' EVENT THEN     REGL <= D; END IF;
        END PROCESS LATCH1;
    END behav;
```

采样状态机结构框图如图 6.9 所示。

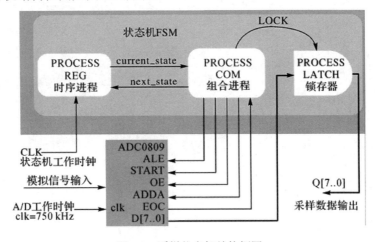

图 6.9　采样状态机结构框图

三、实训内容

利用 Quartus II 对参考代码进行文本编辑输入和仿真测试; 给出仿真波形。最后进行引脚锁定并进行硬件测试, 验证所设计的状态机对 ADC0809 的控制功能。

测试步骤: 建议选择电路模式 No.5, 由对应的电路图可见, ADC0809 的转换时钟 CLK 已经事先接有 750 kHz 的频率。引脚锁定为: START 接 PIO34, OE(ENABLE)接 PIO35, EOC 接 PIO8, ALE 接 PIO33, 状态机时钟 CLK 接 clock0, ADDA 接 PIO32(ADDB 和 ADDC 都接 GND), ADC0809 的 8 位输出数据线接 PIO23～PIO16, 锁存输出 Q 显示于数码 8/数码 7(PIO47～PIO40)。

实训操作: 将 GW48 EDA 系统左下角的拨码开关的 4、6、7 向下拨, 其余向上, 即使 0809 工作使能, 及使 FPGA 能接受来自 0809 转换结束的信号(对于 GW48-CK 系统, 左下角选择插针处的 "转换结束" 和 "A/D 使能" 用二短路帽短接)。下载 ADC0809 中的

ADCINT.sof 到实训板的 FPGA 中；clock0 的短路帽接可选 12 MHz、6 MHz、65 536 Hz 等频率；按动一次右侧的复位键；用螺丝刀旋转 GW48 系统左下角的精密电位器，以便为 ADC0809 提供变化的待测模拟信号(注意，这时必须在参考代码中赋值：ADDA <= '1'，这样就能通过实训系统左下的 AIN1 输入端与电位器相接，并将信号输入 0809 的 IN1 端)。这时数码管 8 和 7 将显示 ADC0809 采样的数字值(十六进制)，数据来自 FPGA 的输出；数码管 2 和 1 也将显示同样数据，此数据直接来自 0809 的数据口。实训结束后注意将拨码开关拨向默认，其中仅"4"向下。

四、实训思考题

在不改变原代码功能的条件下将参考代码表达成用状态码直接输出型的状态机。

五、实训报告内容

根据以上的实训要求、实训内容和实训思考题写出实训报告。

第 7 章　常用逻辑电路的 VHDL 程序设计

本章主要介绍常用组合逻辑电路和时序逻辑电路的 VHDL 程序设计方法。

7.1　常用组合逻辑电路设计

组合逻辑电路的输出只与当前的输入信号有关，而与历史信息无关，即组合逻辑电路中没有记忆元件。它是数字系统设计的入门。

7.1.1　门电路

门电路是数字系统设计的基本组合逻辑元件，也是 VHDL 设计的基础入门元件。希望读者能够在掌握下述逻辑门设计方法后，熟悉各种逻辑门器件的设计方法。

1. 与门电路

1) 设计要求

设计一个二输入与门。

2) 算法设计

分别使用逻辑操作符和 CASE 语句实现二输入与门。与门真值表如表 7.1 所示。

表 7.1　二输入与门真值表

输　　入		输　　出
a	b	y
0	0	0
0	1	0
1	0	0
1	1	1

3) VHDL 源程序

(1) 逻辑操作符实现：

```
LIBRARY IEEE;
USE IEEE.STD_LOGIC_1164.ALL;
ENTITY and_2 IS
PORT(a, b:IN STD_LOGIC;
        y:OUT STD_LOGIC);
```

```
END ;
ARCHITECTURE example_logic OF and_2 IS
BEGIN
y <= a AND b;        --并行信号赋值
END;
```

(2) CASE 语句实现：

```
LIBRARY IEEE;
USE IEEE.STD_LOGIC_1164.ALL;
ENTITY and_2 IS
PORT(a, b:IN STD_LOGIC;
        y:OUT STD_LOGIC);
END;
ARCHITECTURE example_logic OF and_2 IS
SIGNAL ab:STD_LOGIC_VECTOR(1 DOWNTO 0);
BEGIN
ab <= a&b;        --连接符 "&" 连接输入端 a 和 b，a 信号给 ab 的高位，b 信号给 ab 的低位
PROCESS(ab)        --进程启动信号为 ab，ab 发生变化，必须放入进程
BEGIN
 CASE ab IS    --CASE 语句为顺序语句，必须放入进程
    WHEN "00" => y <= ' 0';
    WHEN "01" => y<=' 0';
    WHEN "10" => y <= ' 0';
    WHEN "11" => y <= ' 1';
    WHEN OTHERS => y <= ' Z';
    END CASE;
END PROCESS;
END;
```

4) 仿真结果

与门电路仿真波形如图 7.1 所示。观察仿真波形可知，输入为 a 与 b，输出为 y，且其逻辑关系满足二输入与门真值表的要求。

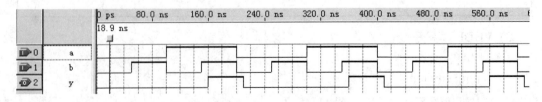

图 7.1　二输入与门仿真波形

5) RTL 电路图

如图 7.2 和图 7.3 所示为 RTL 电路。

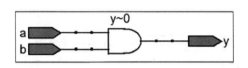

图 7.2　采用基本逻辑操作符描述　　　　　图 7.3　采用 CASE 语句描述

6) 程序说明

(1) 上述两种设计方法均可实现二输入与门的逻辑功能，但由于结构体采用不同的描述方法，其对应的 RTL 电路图也不相同。采用基本逻辑操作符完成的 RTL 电路图，如图 7.2 所示，清楚、简单地表示了其内部逻辑关系，同时综合效率高。而采用 CASE 语句描述的 RTL 电路图，如图 7.3 所示，则是采用一个多路选择器实现内部逻辑关系。

(2) 条件语句中 " => " 不是操作符，相当于 IF 语句中的 THEN，只是一种符号表示。

(3) "&" 是并置操作符，可以将数组合并为新的数组。如 a = "0100"，b = "1001"，那么 a&b = "01001001"，b&a = "10010100"。注意使用并置操作符后数据的位置关系。

2. 基本逻辑门设计

基本逻辑门电路还有或门、非门、与非门、异或门和同或门等，用 VHDL 来描述将十分简单，可以直接使用逻辑操作符实现(综合效率高)；也可以使用顺序语句的 CASE 和 IF 语句实现，或并行语句的条件信号赋值语句和选择信号赋值语句实现。

1) 设计要求

用 VHDL 设计基本的逻辑门。

2) 算法设计

用 VHDL 的逻辑操作符来描述。

3) VHDL 源程序

代码如下：

```
LIBRARY IEEE;
USE IEEE.STD_LOGIC_1164.ALL;
ENTITY basic_gates IS
    PORT(a, b:IN STD_LOGIC
        y1, y2, y3, y4, y5, y6:OUT STD_LOGIC);
END basic_gates;
ARCHITECTURE bhv OF basic_gates IS
BEGIN
    y1 <= a AND b;      --与门
    y2 <= a OR b;       --或门
    y3 <= NOT a;        --非门
    y4 <= a NAND b;         --与非门
```

```
    y5 <= a XOR b;      --异或门
    y6 <= a XNOR b;     --同或门
END;
```

4) 仿真结果

基本逻辑门电路的仿真波形如图 7.4 所示。

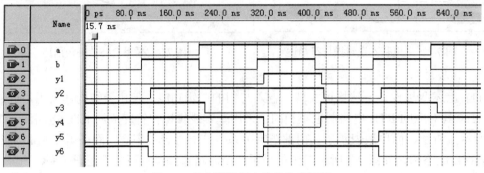

图 7.4   基本逻辑门电路的仿真波形

5) RTL 电路图

基本逻辑门电路的 RTL 电路图如图 7.5 所示。

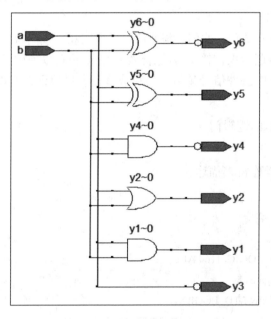

图 7.5   基本逻辑门电路的 RTL 电路图

6) 程序说明

(1) 注意 VHDL 的各种逻辑操作符对操作数的要求。

(2) 由基本的逻辑门可实现任意逻辑函数的功能。

(3) 赋值语句中，赋值对象只能是信号或变量，不能是常数。

(4) 请读者设计异或非门。

(5) 请读者使用 IF 语句、CASE 语句描述该实体并进行仿真和下载。

7.1.2　加法器

加法器是常用的组合逻辑器件，本小节以 4 位二进制全加器为例，介绍加法器的设计方法。

1. 设计要求

设计一个 4 位二进制全加器，即要求考虑进位输入(低位向本次加法的进位)和进位输出(本次加法向高位加法的进位)。

2. 算法设计

加法运算可直接使用算法操作符实现。a 为加数，b 为被加数，cin 为进位输入，s 为加法运算结果，cout 为进位输出。

3. VHDL 源程序

代码如下：

```
LIBRARY IEEE;
USE IEEE.STD_LOGIC_1164.ALL;
USE IEEE.STD_LOGIC_UNSIGNED.ALL;
ENTITY adder4b IS
    PORT(cin:IN STD_LOGIC;
        a, b:IN STD_LOGIC_VECTOR(3 DOWNTO 0);
        s:OUT STD_LOGIC_VECTOR(3 DOWNTO 0);
        cout:OUT STD_LOGIC);
END adder4b;
ARCHITECTURE bhv OF adder4b IS
SIGNAL sint:STD_LOGIC_VECTOR(4 DOWNTO 0);
SIGNAL aa, bb:STD_LOGIC_VECTOR(4 DOWNTO 0);
BEGIN
    aa <= ' 0' &a;
    bb <= ' 0' &b;
    sint <= aa+bb+cin;
    s <= sint(3 DOWNTO 0);
    cout <= sint(4);
END;
```

4. 仿真结果

4 位二进制全加器的仿真波形如图 7.6 所示。

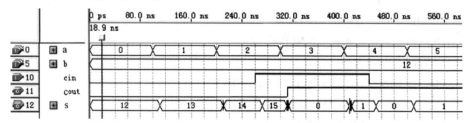

图 7.6　4 位二进制全加器的仿真波形

5. RTL 电路图

4 位二进制全加器的 RTL 电路图如图 7.7 所示。

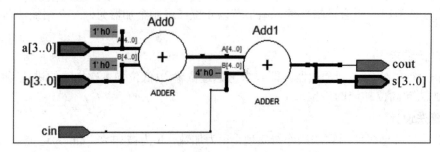

图 7.7　4 位二进制全加器的 RTL 电路图

6. 程序说明

(1) 程序中的加数和被加数为 4 位二进制数，但运算结果可能为 5 位二进制数，所以定义信号 sint 为 5 位二进制数，保存加法运算结果。由于赋值符号"<="要求赋值数据位数和数据类型均相同，所以将加数和被加数均在最高位并置一个"0"，并赋值给 aa 和 bb，满足赋值要求。

(2) sint 中的五位数据即为运算结果，将低四位从 s 端口以运算结果输出，而最高位则为进位输出，赋值给 cout。

(3) 请读者使用另一种方法设计 8 位二进制全加器。

7.1.3　减法器

设计一个 4 位二进制全减器。

1. 设计要求

设计一个 4 位二进制全减器，即要求考虑借位输入(低位向本次减法的借位)和借位输出(本次减法向高位减法的借位)。

2. 算法设计

减法运算可直接使用算术操作符设计实现。a 为加数，b 为被加数，C0 为借位输入，d 为减法运算结果，C1 为借位输出。

3. VHDL 源程序

代码如下：

```
LIBRARY IEEE;
USE IEEE.STD_LOGIC_1164.ALL;
USE IEEE.STD_LOGIC_SIGNED.ALL;
ENTITY jianfaqi_4 IS
PORT(a, b:IN STD_LOGIC_VECTOR(3 DOWNTO 0);
        C0:IN STD_LOGIC;
        C1:OUT STD_LOGIC;
        d:OUT STD_LOGIC_VECTOR(3 DOWNTO 0));
```

```
END;
ARCHITECTURE a OF jianfaqi_4 IS
SIGNAL d_temp:STD_LOGIC_VECTOR(4 DOWNTO 0);
BEGIN
PROCESS(a, b, C0)
BEGIN
    IF (a > b+C0) THEN d_temp <= ' 0' &a-(b+C0); C1 <= ' 0';
    ELSE C1 <= '1'; d_temp <= ("10000")-(b+C0-a);
    END IF;
END PROCESS;
    d <= d_temp(3 DOWNTO 0);
END;
```

4. 仿真结果

4 位二进制全减器的仿真波形如图 7.8 所示。

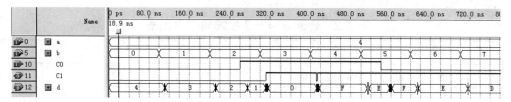

图 7.8　4 位二进制全减器的仿真波形

5. RTL 电路图

4 位二进制全减器的 RTL 电路图如图 7.9 所示。

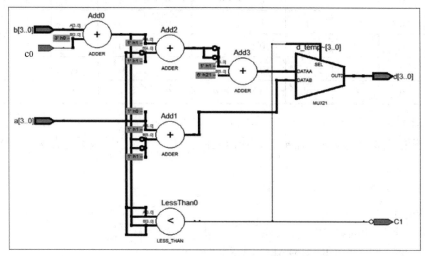

图 7.9　4 位二进制全减器的 RTL 电路图

6. 程序说明

(1) 本小节利用行为描述模式描述全减器。两个数够减(大数减小数)，向高位借位值为 0，且直接相减即可；两个数不够减(小数减大数)，需要向高位借一位。由于有借位，所以差值是大于或等于 0 的数。

(2) 请读者根据全加器和全减器的设计方法，设计一个可控的 4 位二进制加减法器。

7.1.4　编码器

在数字系统中，用一组二进制代码按一定的规则表示给定字母、数字、符号等信息的方法称为编码，能够实现这种编码功能的逻辑电路称为编码器。具体来说，编码器的功能就是把 2n 个输入转化为 n 位编码输出。本小节将分别使用 CASE 语句设计普通编码器和使用 IF 语句设计优化编码器，深化对 IF 语句和 CASE 语句的了解。

1. 普通 8 线—3 线编码器

普通编码器对于某一给定时刻只能对一个确定的输入信号编码，在它的输入端不能同一时刻出现两个或两个以上的有效输入信号，否则，负责编码器的输出将发生混乱。同时，只能针对特定的八组输入进行编码，其他状态视为异常情况。

1) 设计要求

设计一个 8 线—3 线编码器，其真值表如表 7.2 所示。

表 7.2　普通 8 线—3 线编码器真值表

输　入								输　出		
d7	d6	d5	d4	d3	d2	d1	d0	q2	q1	q0
1	0	0	0	0	0	0	0	1	1	1
0	1	0	0	0	0	0	0	1	1	0
0	0	1	0	0	0	0	0	1	0	1
0	0	0	1	0	0	0	0	1	0	0
0	0	0	0	1	0	0	0	0	1	1
0	0	0	0	0	1	0	0	0	1	0
0	0	0	0	0	0	1	0	0	0	1
0	0	0	0	0	0	0	1	0	0	0

2) 算法设计

由于普通 8 线—3 线编码器输入、输出之间存在一一对应的关系，故采用 CASE 语句容易实现。

3) VHDL 源程序

代码如下：

```
LIBRARY  IEEE;
USE IEEE.STD_LOGIC_1164.ALL;
ENTITY noma1_decoder8_3 IS
 PORT(d:IN STD_LOGIC_VECTOR(7 DOWNTO 0);
      q:OUT STD_LOGIC_VECTOR(2 DOWNTO 0));
END;
```

```
ARCHITECTURE bhv OF noma1_decoder8_3 IS
BEGIN
PROCESS(d)
BEGIN
CASE d IS
    WHEN"10000000" => q <= "111";
    WHEN"01000000" => q <= "110";
    WHEN"00100000" => q <= "101";
    WHEN"00010000" => q <= "100";
    WHEN"00001000" => q <= "011";
    WHEN"00000100" => q <= "010";
    WHEN"00000010" => q <= "001";
    WHEN"00000001" => q <= "000";
    WHEN OTHERS => q <= "000";
END CASE;
END PROCESS;
END;
```

4) 仿真结果

普通 8 线—3 线编码器的仿真波形如图 7.10 所示。8 个输入信号中，某一时刻只有一个有效的输入信号，能将信号进行编码；如多个信号同时有效，只能输出 "000"。

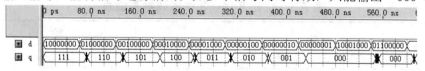

图 7.10 普通 8 线—3 线编码器的仿真波形

5) RTL 电路图

使用 CASE 语句完成编码器内部逻辑结构设计，其 RTL 电路图如图 7.11 所示。

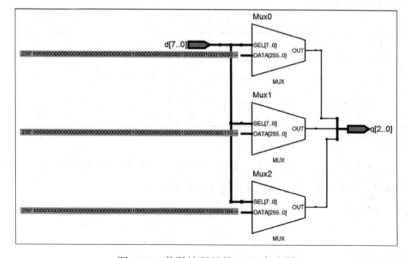

图 7.11 普通编码器的 RTL 电路图

6) 程序说明

(1) 程序中，使用了 CASE 语句对输入的 8 位 d 信号进行编码，d 的输入组合有 256 种，而只对其中的 8 种情况进行编码，剩余的情况用 "WHEN OTHERS => q <= "000"; " 语句处理。也就是说，当输入信号不在 8 种情况之内时，编码器输出均为 "000"，这是普通编码器的缺点，也体现了 VHDL 中如何使用 WHEN OTHERS 语句实现异常情况处理。

(2) 实体部分定义的输入端口 d，采用 STD_LOGIC_VECTOR 数据处理，该数据类型定义在 IEEE 库的 STD_LOGIC_1164 程序包中，在使用前需打开相关库和程序包。

(3) "d:IN STD_LOGIC_VECTOR(7 DOWNTO 0); " 语句定义了 d 为 8 位宽度的输入信号；7 DOWNTO 0 表示高位数据在左端，低位数据在右端。

(4) 请读者使用并行语句的选择信号赋值语句 WITH SELECT 设计实现普通 8 线—3 线编码器，并仿真和下载。

2. 优先 8 线—3 线编码器

与普通编码器不同，优先编码器允许多个输入信号同时出现。因为它在设计时已经将所有的输入信号按优先顺序排队，因此当多个输入信号同时出现时，只对其中优先级别最高的一个输入信号进行编码，对优先级别低的信号不予理睬，从而克服了普通编码器在多个输入信号同时作用时会出现输出编码混乱的缺点。

1) 设计要求

用 VHDL 描述一个优先编码器。该电路有 8 个输入端，3 个输出端。其真值表如表 7.3 所示。

表 7.3 优先 8 线—3 线编码器真值表

输　　入								输　　出		
din7	din6	din5	din4	din3	din2	din1	din0	Output2	Output1	Output0
1	×	×	×	×	×	×	×	1	1	1
0	1	×	×	×	×	×	×	1	1	0
0	0	1	×	×	×	×	×	1	0	1
0	0	0	1	×	×	×	×	1	0	0
0	0	0	0	1	×	×	×	0	1	1
0	0	0	0	0	1	×	×	0	1	0
0	0	0	0	0	0	1	×	0	0	1
0	0	0	0	0	0	0	1	0	0	0

2) 算法设计

利用顺序语句中的 IF 语句或并行语句中的条件信号赋值语句来描述，是因为这两类语句条件判断顺序本身具有优先性。本例采用 IF 语句描述。

3) VHDL 源程序

代码如下：

```
LIBRARY IEEE;
```

```
USE IEEE.STD_LOGIC_1164.ALL;
ENTIEY coder8_3 IS
PORT(din:IN STD_LOGIC_VECTOR(7 DOWNTO 0);
Output:OUT STD_LOGIC_VECTOR(2 DOWNTO 0));
END;
Architecture bhv OF coder8_3 IS
BEGIN
PROCESS(din)
BEGIN
IF          (din(7) = '1')THEN     Output <= "111";
ELSIF       (din(6) = '1')THEN     Output <= "110";
ELSIF       (din(5) = '1')THEN     Output <= "101";
ELSIF       (din(4) = '1')THEN     Output <= "100";
ELSIF       (din(3) = '1')THEN     Output <= "011";
ELSIF       (din(2) = '1')THEN     Output <= "010";
ELSIF       (din(1) = '1')THEN     Output <= "001";
ELSE    Output <= "000";
END IF;
END PROCESS;
END;
```

4) 仿真结果

优先 8 线—3 线编码器的仿真波形如图 7.12 所示，即使多个信号同时有效，也能进行唯一编码转换。

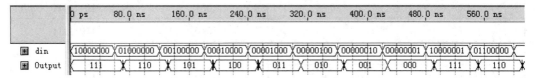

图 7.12　优先 8 线—3 线编码器的仿真波形

5) RTL 电路

优先 8 线—3 线编码器的 RTL 电路图如图 7.13 所示。

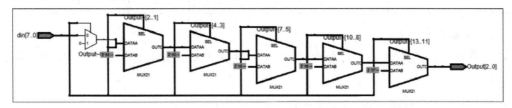

图 7.13　优先 8 线—3 线编码器的 RTL 电路图

6) 程序说明

(1) 本例中，输入端 din(7)的优先级最高，只要 din(7) = 1，无论其他输入端为何值，编码器的结果都由 din(7) = 1 决定；din(0)的优先级最低，只有当其他输入端信号无效时，才对 din(0) = 1 进行编码。

(2) 请读者使用并行语句的条件信号赋值语句 WHEN ELSE 设计实现优先 8 线—3 线编码器，并仿真和下载。

7.1.5 译码器

译码是编码的逆过程，其功能是将具有特定含义的二进制码进行辨别，并转换成控制信号。具有译码功能的逻辑电路称为译码器。译码器分为两种类型，一种是将一系列代码转换成与之一一对应的有效信号，这种译码器可称为地址译码器，通常用于计算机中存储单元的地址译码；另一种是将一种代码转换成另一种代码，也称为代码变换器。本小节将分别介绍 3 线—8 线译码器、数码管显示译码器和二—十进制 BCD 译码器。

1. 3 线—8 线译码器

1) 设计要求

用 VHDL 描述一个 3 线—8 线译码器(74LS138)。该电路有 3 个数据输入端，3 个控制输入端，8 个数据输出端。其真值表如表 7.4 所示。

表 7.4　3 线—8 线译码器(74LS138)真值表

输　入			输　出
g1	g2a+g2b	a、b、c	Y[0..7]
0	×	×××	11111111
×	1	×××	11111111
1	0	000	01111111
1	0	001	10111111
1	0	010	11011111
1	0	011	11101111
1	0	100	11110111
1	0	101	11111011
1	0	110	11111101
1	0	111	11111110

2) 算法设计

利用 IF 语句判断控制条件是否成立，再用 CASE 语句描述译码设计，可以很容易地写出程序。

3) VHDL 源程序

代码如下：

```
LIBRARY IEEE;
USE IEEE.STD_LOGIC_1164.ALL;
```

```
ENTIEY decoder3_8 IS
PORT(a, b, c, g1, g2a, g2b:IN STD_LOGIC;
        Y: OUT STD_LOGIC_VECTOR(7 DOWNTO 0));
END decoder3_8 IS;
Architecture bhv OF decoder3_8    IS
SIGNL dz:STD_LOGIC_VECTOR(2 DOWNTO 0);
BEGIN
dz <= c&b&a;
PROCESS(dz, g1, g2a, g2b)
BEGIN
    IF(g1='1' AND g2a='0' AND g2b='0') THEN
            CASE dz IS
                    WHNE "000" => Y <= "11111110";
                    WHNE "001" => Y <= "11111101";
                    WHNE "010" => Y <= "11111011";
                    WHNE "011" => Y <= "11110111";
                    WHNE "100" => Y <= "11101111";
                    WHNE "101" => Y <= "11011111";
                    WHNE "110" => Y <= "10111111";
                    WHNE "111" => Y <= "01111111";
                    WHNE    OTHERS => Y <= "zzzzzzzz";
                    END CASE;
                    ELSE
                        Y <= "11111111";
                        END IF;
    END PROCESS;
    END;
```

4) 仿真结果

3 线—8 线译码器(74LS138)的仿真波形如图 7.14 所示。

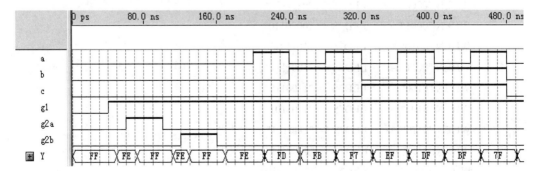

图 7.14　3 线—8 线译码器的仿真波形

5) 程序说明

(1) 由于输入 a、b、c 在任意时刻的取值是唯一的，即所有的取值之间都处于同一优先级，故利用顺序语句的 CASE 语句和并行语句的选择信号赋值语句设计实现。

(2) 从仿真图 7.14 中可见，对每一个确定的输入，都有一个唯一的输出端与之对应(低电平有效)。

(3) 请读者尝试使用 IF 语句和 WHEN ELSE 语句实现上述 3 线—8 线译码器，并分析两种语言设计之间的不同之处。

2. 数码管显示译码器

显示译码器是用来驱动显示元件，以显示数组或字符的 MSI 部件。显示译码器随显示器件的类型而异。

1) 设计要求

设计一个共阴极七段数码管显示译码器，用于驱动共阴极数码管。该电路的 4 位二进制输入端为 A，译码后的七段输出为 LED 7S[6..0]，将 LED 7S 分别连接数码管的 a～g 端。

2) 算法设计

用顺序语句的 CASE 语句描述电路。

3) VHDL 源程序

代码如下：

```
LIBRARY IEEE ;
USE IEEE.STD_LOGIC_1164.ALL ;
ENTITY DECL7S IS
 PORT ( A: IN   STD_LOGIC_VECTOR(3 DOWNTO 0);
        LED7S: OUT STD_LOGIC_VECTOR(6 DOWNTO 0));
END;
ARCHITECTURE one OF DECL7S IS
BEGIN
 PROCESS( A )
 BEGIN
 CASE   A   IS
   WHEN "0000" =>    LED7S <= "0111111" ;
   WHEN "0001" =>    LED7S <= "0000110" ;
   WHEN "0010" =>    LED7S <= "1011011" ;
   WHEN "0011" =>    LED7S <= "1001111" ;
   WHEN "0100" =>    LED7S <= "1100110" ;
   WHEN "0101" =>    LED7S <= "1101101" ;
   WHEN "0110" =>    LED7S <= "1111101" ;
   WHEN "0111" =>    LED7S <= "0000111" ;
   WHEN "1000" =>    LED7S <= "1111111" ;
   WHEN "1001" =>    LED7S <= "1101111" ;
```

```
        WHEN "1010" =>    LED7S <= "1110111" ;
        WHEN "1011" =>    LED7S <= "1111100" ;
        WHEN "1100" =>    LED7S <= "0111001" ;
        WHEN "1101" =>    LED7S <= "1011110" ;
        WHEN "1110" =>    LED7S <= "1111001" ;
        WHEN "1111" =>    LED7S <= "1110001" ;
        WHEN OTHERS =>    NULL ;
        END CASE ;
      END PROCESS ;
     END ;
```

4) 仿真结果

数码管显示译码器的仿真波形如图 7.15 所示。

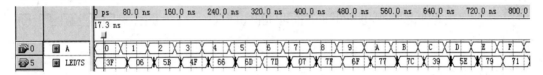

图 7.15　数码管显示译码器的仿真波形

5) 程序说明

(1) 设计的输出 LED 7S(0)~LED 7S(6)和数码管的 a~g 端对应。在编写程序时，根据需要显示的内容来给 LED 7S 赋值

(2) 输入 0~F 时，输出字符 0~F 的七段码，点亮相应字段，显示出 0~F。

(3) 请读者修改源程序，将七段显示译码器变为八段显示译码器。

7.1.6　多路选择器

1. 二选一数据选择器

1) 设计要求

设计一个 1 位二选一数据选择器。

2) 算法设计

采用 IF 语句实现二选一数据选择器。

3) VHDL 源程序

代码如下：

```
    ENTITY MUX21a IS
      PORT ( a, b, s: IN    BIT;
            y: OUT BIT    );
    END ENTITY MUX21a;
    ARCHITECTURE one OF MUX21a IS
      BEGIN
```

```
    PROCESS (a, b, s)
BEGIN
      IF s='0'   THEN   y <= a ; ELSE y <= b ;
    END IF;
      END PROCESS;
    END ARCHITECTURE one ;
```

4) 仿真结果

二选一数据选择器的仿真波形如图 7.16 所示。

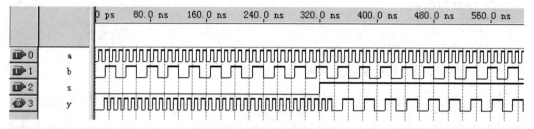

图 7.16　二选一数据选择器的仿真波形图

5) RTL 电路图

二选一数据选择器的 RTL 电路图如图 7.17 所示。

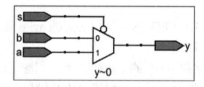

图 7.17　二选一数据选择器的 RTL 电路图

2. 四选一数据选择器

1) 设计要求

设计一个 1 位四选一数据选择器。

2) 算法设计

采用 CASE 语句实现四选一数据选择器。

3) VHDL 源程序

代码如下：

```
ENTITY MUX41 IS
  PORT ( a1, a2, a3, a4: IN   BIT;
         s: in bit_vector(1 downto 0);
         y: OUT BIT   );
END ENTITY;
ARCHITECTURE one OF MUX41 IS
 BEGIN
   PROCESS (a1, a2, a3, a4, s)
```

```
      BEGIN
        CASE s IS
        WHEN "00" =>   y <= a1;
        WHEN "01" =>   y <= a2;
        WHEN "10" =>   y <= a3;
        WHEN "11" =>   y <= a4;
        WHEN OTHERS => null;
        END CASE;
      END PROCESS;
    END ARCHITECTURE one ;
```

4) 仿真结果

四选一数据选择器的仿真波形如图 7.18 所示。

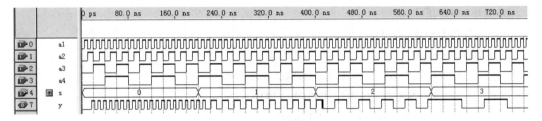

图 7.18　四选一数据选择器的仿真波形

5) RTL 电路图

四选一数据选择器的 RTL 电路图如图 7.19 所示。

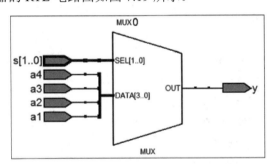

图 7.19　四选一数据选择器的 RTL 电路图

7.1.7　比较器

1) 设计要求

设计一个 4 位数值比较器。

2) 算法设计

数值比较器是对两个位数相同的二进制数进行
比较并判定其大小关系的算术运算电路。

数值比较器的逻辑电路图如图 7.20 所示。

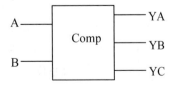

图 7.20　数值比较器的逻辑电路图

数值比较器的真值表如表 7.5 所示。

表 7.5　数值比较器的真值表

A 与 B 的关系	YA	YB	YC
A > B	1	0	0
A < B	0	1	0
A = B	0	0	1

下面是一个采用 IF 语句编制的对两个 4 位二进制数进行比较的例子，其中 A 和 B 分别是参与比较的两个 4 位二进制数，YA、YB 和 YC 是用来分别表示 A > B、A < B 和 A = B 的 3 个输出端。

3) VHDL 源程序

代码如下：

```
LIBRARY IEEE;
USE IEEE.STD_LOGIC_1164.ALL;
ENTITY Comp4_1 IS
    PORT(A:IN STD_LOGIC_VECTOR(3 DOWNTO 0);
         B:IN STD_LOGIC_VECTOR(3 DOWNTO 0);
         YA, YB, YC: OUT STD_LOGIC);
END Comp4_1;
ARCHITECTURE behave OF comp4_1 IS
  BEGIN
    PROCESS (A, B)
      BEGIN
        IF (A > B) THEN
             YA <= '1';
             YB <= '0';
             YC <= '0';
        ELSIF(A < B) THEN
             YA <= '0';
             YB <= '1';
             YC <= '0';
        ELSE
             YA <= '0';
             YB <= '0';
             YC <= '1';
        END IF;
      END PROCESS;
  END behave;
```

4) 仿真结果

图 7.21 为 4 位数值比较器的波形仿真图。

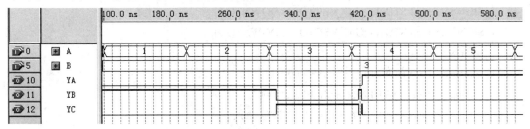

图 7.21　4 位数值比较器的波形仿真图

5) RTL 电路图

图 7.22 为 4 位数值比较器的 RTL 电路图。

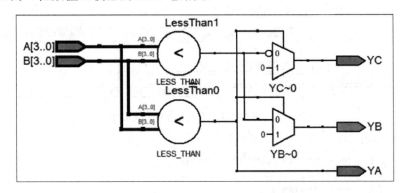

图 7.22　4 位数值比较器的 RTL 电路图

7.1.8　乘法器

1) 设计要求

设计一个 3 位二进制乘法器。

2) 算法设计

VHDL 的算术运算符中有乘法运算符，但在参与运算位数较多的情况下，直接使用乘法运算符综合后所对应的硬件电路将耗费巨大的硬件资源。实际上，当硬件资源有限而又必须进行乘法操作时，通常用加法的形式实现，这样可节约硬件资源。

VHDL 源程序

3) 代码如下：

```
LIBRARY IEEE;
USE IEEE.STD_LOGIC_1164.ALL;
USE IEEE.STD_LOGIC_UNSIGNED.ALL;
ENTITY mu13 IS
PORT(a, b:IN STD_LOGIC_VECTOR(2 DOWNTO 0);
        Y:OUT STD_LOGIC_VECTOR(5 DOWNTO 0));
END;
```

```
ARCHITECTURE bhv OF mu13 IS
SIGNAL temp1:STD_LOGIC_VECTOR(2 DOWNTO 0);
SIGNAL temp2:STD_LOGIC_VECTOR(3 DOWNTO 0);
SIGNAL temp3:STD_LOGIC_VECTOR(4 DOWNTO 0);
BEGIN
    temp1 <= a WHEN b(0)= '1' ELSE"000";
    temp2 <= (a&'0')WHEN b(1)= '1' ELSE"0000";
    temp3 <= (a&"00")WHEN b(2)= '1' ELSE"00000";
    Y <= temp1+temp2+('0' &temp3);
END;
```

4) 仿真结果

图 7.23 为 3 位二进制乘法器的波形仿真图。

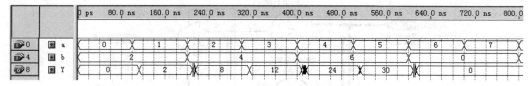

图 7.23　3 位二进制乘法器的仿真波形

5) RTL 电路图

3 位二进制乘法器的 RTL 电路图如图 7.24 所示。

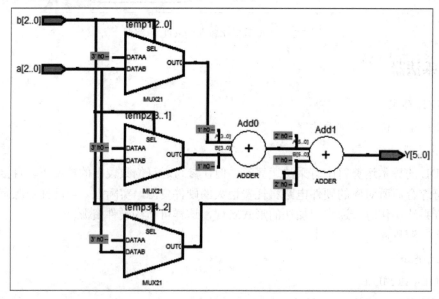

图 7.24　3 位二进制乘法器的 RTL 电路图

6) 程序说明

(1) 本设计利用并行信号赋值语句完成乘法运算。

(2) 赋值运算符 "<=" 两边的数据类型和位数必须一致。当数据位数不相等而又必须进行运算时可用并置运算符 "&" 来扩展，并置运算符只能出现在赋值运算符 "<=" 的右边。

7.2　常用时序逻辑电路设计

1. 时序逻辑电路与进程的关系

时序逻辑电路的结构和行为特征决定了只能用进程中的顺序语句进行描述。进程内部通过 rising_edge 和 falling_edge 等来描述时钟信号的上升沿或下降沿，完成以触发器为主要逻辑结构之一的功能模块。用于描述时序逻辑电路的进程具有以下两个特点：

(1) 信号敏感列表中只需要时钟信号(异步复位时需要再加上复位信号)，这是因为同步时序逻辑电路中所有的变化都是在时钟信号的上升沿或下降沿。

(2) 进程内部使用相关语句提取出时钟信号的边沿，电路的所有行为都在该时钟沿的控制下完成。

2. 同步时序逻辑电路与异步时序逻辑电路

触发器是构成时序逻辑电路的基本器件，根据电路中各级触发器时钟端的连接方式，可以将时序逻辑电路分为同步时序逻辑电路和异步时序逻辑电路。同步时序逻辑电路中各触发器的时钟端全部连接到同一个时钟源上，各级触发器的状态变化是同时的；而异步时序逻辑电路中，各级触发器的时钟端不是连接在同一个时钟源，触发器的状态变化可能不在同一时刻进行。

同步时序逻辑电路在目前数字电子系统中占有绝对的优势，与异步时序逻辑电路相比具有以下优点：

(1) 同步时序逻辑电路可以减少工作环境对设计的影响。

(2) 同步时序逻辑电路可以有效避免毛刺的影响，提高设计的可靠性。

(3) 同步时序逻辑电路可以简化时序分析过程。时序分析是高速数字电路设计的重要方面，同步时序逻辑电路的时序分析相对较简单。

同步时序逻辑电路的优点是很明显的，因而在实际应用中被广泛采用。另一方面，同步时序逻辑电路也存在一些缺点：

(1) 同步时序逻辑电路中的时钟信号必须分布到电路上的每个触发器时钟端。

(2) 即使某些触发器没有任何工作，高频率的时钟翻转仍然会导致该部分电路功耗和热量的产生。

(3) 时序逻辑电路都有一个工作频率的上限值，由于同步时序逻辑电路中全局只使用同一个时钟，可能导致最高时钟频率被最慢的逻辑路径限制。FPGA 设计中这种路径叫做关键路径。

7.2.1　触发器

触发器是时序逻辑电路的基本电路。时序逻辑电路中是以时钟信号作为驱动信号的，也就是说时序逻辑电路是在时钟信号的边沿到来时，它的状态才发生变化。因此，在时序逻辑电路中时钟信号是非常重要的，它是时序逻辑电路的执行和同步信号。常用的触发器包括 RS 触发器、D 触发器、JK 触发器和 K 触发器。

1. 基本 RS 触发器

1) 设计要求

设计一个基本 RS 触发器。

2) 算法设计

RS 触发器的真值表如表 7.6 所示。

表 7.6　RS 触发器的真值表

时　钟	r	s	Q
上升沿	0	0	保存
上升沿	0	1	置 1
上升沿	1	0	置 0
上升沿	1	1	约束条件

3) VHDL 源程序

代码如下：

```
LIBRARY IEEE;
USE IEEE.STD_LOGIC_1164.ALL;
ENTITY rsff  IS
RORT(r, s, clk: IN STD_LOGIC;   Q: OUT STD_LOGIC);
END;
ARCHITECTURE  rsff_bhv  OF  rsff  IS
SIGNAL q_temp: STD_LOGIC;
BEGIN
P1:PROCESS
BEGIN
    WAIT UNTIL(clk = '1');
      q_temp <= s OR((NOT r) AND q_temp);
END PROCESS;
  Q <= q_temp;
END;
```

4) 仿真结果

基本 RS 触发器的仿真波形如图 7.25 所示。

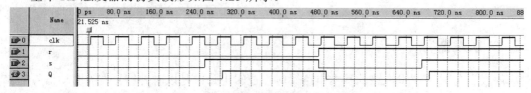

图 7.25　基本 RS 触发器的仿真波形

5) RTL 电路图

基本 RS 触发器的 RTL 电路图如图 7.26 所示。

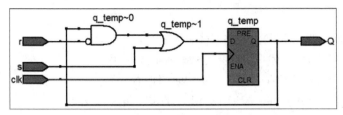

图 7.26　基本 RS 触发器的 RTL 电路图

6) 程序说明

(1) 程序使用 WAIT 语句检测时钟上升沿，所以进程语句关键字后没有敏感信号列表。

(2) 此 RS 触发器使用了触发器的状态方程来实现，其他触发器也可采用此种方法来实现。

2. 异步复位/置位的 JK 触发器

1) 设计要求

设计一个基本的 JK 触发器，其真值表如表 7.7 所示。

表 7.7　JK 触发器的真值表

时　钟	set	reset	j	k	q	qb
上升沿	0	×	×	×	1	0
上升沿	1	0	×	×	0	1
上升沿	0	0	0	0	保持	
上升沿	0	0	0	1	0	1
上升沿	0	0	1	0	1	0
上升沿	0	0	1	1	翻转	

2) 算法设计

根据表 7.7，利用其行为描述方式(IF 语句)进行描述。本设计也可利用数据流描述方式来描述，即根据 JK 触发器的特性方程($q=jq+kq$)进行描述。

3) VHDL 源程序

代码如下：

```
LIBRARY  IEEE;
USE  IEEE.STD_LOGIC_1164.ALL;
USE  IEEE.STD_LOGIC_SIGNED;
ENTITY asyn_jkff  IS
PORT(j, k, clk, set, reset:IN  STD_LOGIC;  q, qb:OUT  STD_LOGIC);
END  asyn_jkff;
ARCHITECTURE  jkff_bhv  OF  asyn_jkff  IS
    SIGNAL  q_s, qb_s:STD_LOGIC;
BEGIN
 PROCESS(clk, set, reset)
```

```
    BEGIN
        IF(set = '0')   THEN   q_s <= '1'; qb_s <= '0' ;
        ELSIF ( reset = '0')   THEN   q_s <= '0'; qb_s <= '1';
        ELSIF(clk' EVENT   AND   clk = '0')   THEN
                IF(j = '0'   AND   k = '1')   THEN   q_s <= '0'; qb_s <= '1' ;
                ELSIF(j = '1'   AND   k = '0')   THEN   q_s <= '1'; qb_s <= '0' ;
                ELSIF(j = '1'   AND   k = '1')   THEN   q_s <= NOT   q_s; qb_s <= NOT   qb_s ;
                END   IF;
                    END   IF;
            q <= q_s;
            qb <= qb_s;
    END      PROCESS;
    END;
```

4) 仿真结果

异步复位/置位的 JK 触发器的仿真波形如图 7.27 所示。

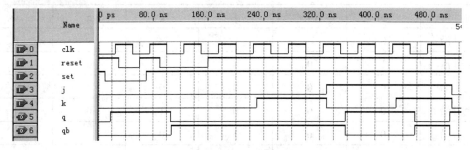

图 7.27　异步复位/置位的 JK 触发器的仿真波形

5) 程序说明

(1) 在利用 VHDL 进行数字电路描述时，若已知电路的逻辑方程，也可以用数据流描述方式进行描述，这样的程序更加简洁。

(2) 时序逻辑电路的初始状态通常由复位/置位信号来设置。复位/置位方式可以分为同步复位/置位和异步复位/置位。同步复位/置位是指当复位/置位信号有效且在给定的时钟边沿到来时，电路才被复位/置位；异步复位/置位是指一旦复位/置位信号有效，电路就被复位/置位。

3. 普通 T 触发器

T 触发器又称为翻转触发器。

1) 设计要求

设计一个 T 触发器，其真值表如表 7.8 所示。

表 7.8　T 触发器的真值表

时　钟	t	q
上升沿	0	保持
上升沿	1	翻转

2) 算法设计

根据状态方程来实现 T 触发器。

3) VHDL 源程序

代码如下：

```
LIBRARY   IEEE;
USE   IEEE.STD_LOGIC_1164.ALL;
ENTITY   t   IS
    PORT(t, clk:IN   STD_LOGIC;
         q:OUT   STD_LOGIC);
END ;
ARCHITECTURE   t_bhv   OF   t   IS
  SIGNAL   q_temp:STD_LOGIC;
  BEGIN
  P1: PROCESS
  BEGIN
  WAIT   NUTLL(clk = '1') ;
    q_temp <= (t   AND   (NOT   q_temp ))   OR   (NOT   t   AND   q_temp );
  END      PROCESS;
    q <= q_temp;
  END;
```

4) 仿真结果

普通 T 触发器的仿真波形如图 7.28 所示。

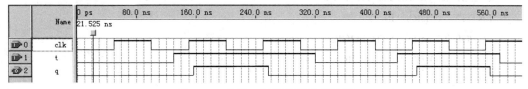

图 7.28　普通 T 触发器的仿真波形

5) RTL 电路图

普通 T 触发器的 RTL 电路图如图 7.29 所示。

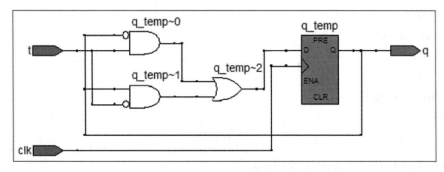

图 7.29　普通 T 触发器的 RTL 电路图

6) 程序说明

(1) 状态方程的书写涉及逻辑运算符的书写，请读者注意括号的灵活应用，否则可能会产生错误的逻辑表达式。

(2) 上述 T 触发器采用状态方程实现，请读者思考使用其他方式实现。

7.2.2 锁存器

锁存器是电平触发的存储单元，数据存储的动作取决于输入时钟(或者使能)信号的电平值，即当锁存器处于使能状态时，输出才会随着数据输入发生变化。

1. D 锁存器

1) 设计要求

设计一个 D 锁存器，其真值表如表 7.9 所示。

表 7.9 D 锁存器的真值表

使能 en	d	q
0	×	保持
1	d	d

2) 算法设计

根据状态方程来实现 D 锁存器。

3) VHDL 源程序

代码如下：

```
LIBRARY IEEE;
USE IEEE.STD_LOGIC_1164.ALL;
ENTITY  d_latch  IS
   PORT(d, en:IN   STD_LOGIC;
        q:OUT    STD_LOGIC);
   END ;
   ARCHITECTURE  bhv  OF  d_latch  IS
   BEGIN
   PROCESS(en)
   BEGIN
   if en = '1' then
   q <= d;
     end if;
   END PROCESS;
   END;
```

4) 仿真结果

D 锁存器的仿真波形如图 7.30 所示。

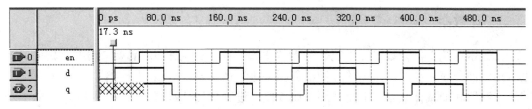

图 7.30　D 锁存器的仿真波形

5) RTL 电路图

D 锁存器的 RTL 电路图如图 7.31 所示。

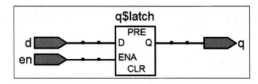

图 7.31　D 锁存器的 RTL 电路图

2. 8 位锁存器

1) VHDL 源程序

代码如下：

```
ENTITY my_latch IS
    GENERIC(n:Positive := 8);
    PORT (eg:IN    Bit;
            d:IN    Bit_Vector(n-1 DOWNTO 0);
            q:OUT Bit_Vector(n-1 DOWNTO 0));
END my_latch;
ARCHITECTURE latch_eg OF my_latch IS
BEGIN
    PROCESS(eg, d)
    BEGIN
      IF eg = '1' THEN
          q <= d;
      END IF;
    END PROCESS;
END latch_eg;
```

2) 仿真结果

8 位锁存器的仿真波形如图 7.32 所示。

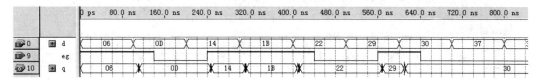

图 7.32　8 位锁存器的仿真波形

7.2.3 计数器

在数字系统中，计数器可以统计输入脉冲的个数，实现计时、计数、分频、定时、产生节拍脉冲和序列脉冲。常用的计数器包括二进制计数器、十进制计数器、加法计数器、减法计数器和加减计数器。下面介绍普通 4 位二进制加法计数器、十六进制减法计数器和模值可变加法计数器电路的设计。

1. 普通 4 位二进制加法计数器

1) 设计要求

设计一个 4 位二进制加法计数器。

2) 算法设计

使用 IF 语句描述该计数器。

3) VHDL 源程序

代码如下：

```
LIBRARY   IEEE;
USE   IEEE.STD_LOGIC_1164.ALL;
USE   IEEE.STD_LOGIC_UNSIGNED.ALL;
ENTITY   cnt4   IS
PORT(clk:   IN   STD_LOGIC;
      q:   OUT   STD_LOGIC_VECTOR(3   DOWNTO 0));
END     cnt4;
ARCHITECTURE   behave   OF   cnt4   IS
   SIGNAL   q1:STD_LOGIC_VECTOR(3   DOWNTO   0);
   BEGIN
   PROCESS(clk)
   BEGIN
   IF   (clk' EVENT   AND   clk = '1')   THEN   q1 <= q1+1;
   END   IF;
   END PROCESS;
   q <= q1;
END;
```

4) 仿真结果

普通 4 位二进制加法计数器的仿真波形如图 7.33 所示。

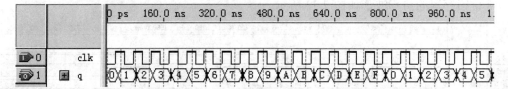

图 7.33　普通 4 位二进制加法计数器的仿真波形

5) RTL 电路图

普通 4 位二进制加法计数器的 RTL 电路图如图 7.34 所示。

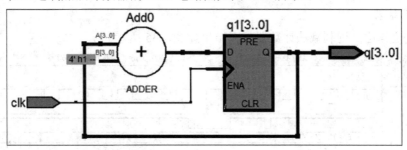

图 7.34　普通 4 位二进制加法计数器的 RTL 电路图

2. 异步复位 4 位二进制减法计数器

1) 设计要求

设计一个带异步复位，同步使能的 4 位二进制计数器。

2) 算法设计

使用 IF 语句实现异步复位 4 位二进制减法计数器。

3) VHDL 源程序

代码如下：

```
LIBRARY IEEE;
USE IEEE.STD_LOGIC_1164.ALL;
USE IEEE.STD_LOGIC_UNSIGNED.ALL;
ENTITY CNT4 IS
    PORT(CLK, RST, en:IN STD_LOGIC;
          Cq:out STD_LOGIC_VECTOR(3DOWNTO 0));
END;
ARCHITECTURE BHV OF CNT4 IS
BEGIN
  PROCESS(CLK, RST, en)
    VARIABLE CQI:STD_LOGIC_VECTOR(3 DOWNTO 0);
  BEGIN
    IF RST = '1' THEN CQI := "1111";
    ELSIF CLK' EVENT AND CLK = '1' THEN
        IF en = '1' THEN
           IF CQI > 0 THEN CQI := CQI-1;
           ELSE CQI := "1111";
           END IF;
        END IF;
    END IF;
  Cq <= CQI;
```

    END PROCESS;

    END;

4) 仿真结果

异步复位 4 位二进制减法计数器仿真结果如图 7.35 所示。

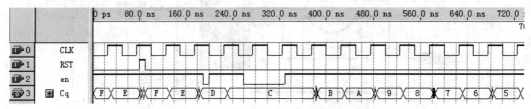

图 7.35　异步复位 4 位二进制减法计数器仿真波形

5) RTL 电路图

异步复位 4 位二进制减法计数器的 RTL 电路图如图 7.36 所示。

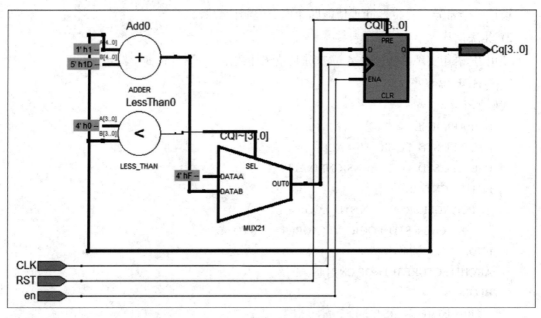

图 7.36　异步复位 4 位二进制减法计数器的 RTL 电路图

6) 程序说明

(1) 注意程序中异步复位和同步使能的实现方法。

(2) CQI := CQI-1 语句中，由于 CQI 定义为变量，所以赋值符号使用 " := "。

(3) 观察 RTL 电路图，由于加入异步复位、同步使能功能，所以 RTL 电路图相对比较复杂。

3. 模值可变加法计数器

1) 设计要求

设计一个模值可变的计数器，其模值的变化范围是 2～15。模值通过输入端口输入，计数值从 y 端输出。

2) 算法设计

用顺序语句的 IF 语句描述该计数器。

3) VHDL 源程序

代码如下：

```vhdl
LIBRARY   IEEE;
USE IEEE.STD_LOGIC_1164.ALL;
USE IEEE.STD_LOGIC_UNSIGNED.ALL;
ENTITY variable_add_jsq IS
 PORT( clk, clr:IN STD_LOGIC;
         i:IN INTEGER RANGE 0 TO 15;
         y:OUT INTEGER RANGE 0 TO 15);
 END;
ARCHITECTURE bhv OF variable_add_jsq IS
SIGNAL fpq:INTEGER RANGE 0 TO 15;
SIGNAL m:INTEGER RANGE 0 TO 14;
BEGIN
  PROCESS(clk)
  BEGIN
    m <= i-1;
    IF clr = '0' THEN fpq <= 0;
    ELSIF clk' EVENT AND clk = '1' THEN
        IF fpq = m THEN fpq <= 0;
        ELSE fpq <= fpq+1;
        END IF;
    END IF;
    y <= fpq;
  END PROCESS;
END;
```

4) 仿真结果

模值可变加法计数器的仿真波形如图 7.37 所示。

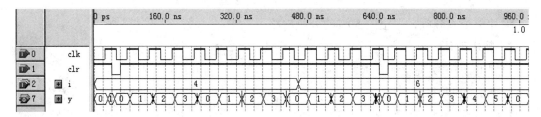

图 7.37　模值可变加法计数器的仿真波形

5) RTL 电路图

模值可变加法计数器的 RTL 电路图如图 7.38 所示。

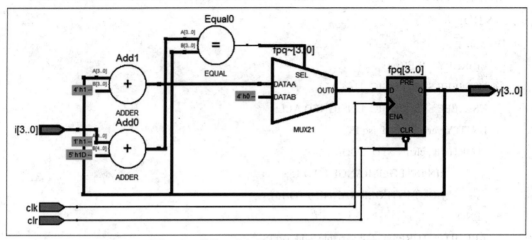

图 7.38　模值可变加法计数器的 RTL 电路图

6) 程序说明

(1) 本程序设计的关键是计数最大值的描述，只要写出"fpq = m"并找出 m 的来源，设计即可完成。本程序中的 m 由人工输入。

(2) 用此类电路组成可变分频系数的分频器，可得到一系列的频率信号。

7.2.4　分频器

在 FPGA/CPLD 的设计过程中，一个设计难点就是多种时钟频率的需求。我们经常需要在同一个设计项目中使用不同频率的时钟信号，因此往往需要对原始时钟信号进行分频，从而得到所需要的时钟频率。根据对原始频率的分频数，可将分频电路分为偶数倍分频(如 1/8 分频)和奇数倍分频(如 1/7 分频)两种，这其中又可分为占空比非 50% 和占空比 50% 的分频器。

1. 偶数倍分频——占空比 50%

偶数倍分频电路可以通过修改"N"的取值得到，确定"N"的取值后，电路的分频倍数就为 2(N+1)。例如 N = 3 时，分频倍数为 8，这是因为计数器从 0 到 3 计数时有 4 个取值状态，输出信号每 4 个时钟周期翻转一次，故其频率就变为原时钟信号的 1/8(输出信号每翻转两次才形成一个完整的周期)。

1) 设计要求

设计一个 6 分频、占空比 50% 的分频电路。

2) 算法设计

使用 IF 语句实现设计要求。

3) VHDL 源程序

代码如下：

```
--偶数倍分频电路(6分频)
```

```
LIBRARY IEEE;
USE IEEE.STD_LOGIC_1164.ALL;
ENTITY even_freqdivider IS
    PORT (clk:IN STD_LOGIC;
            Reset:IN STD_LOGIC;
            Clkout:OUT STD_LOGIC);
END even_freqdivider;
ARCHITECTURE behavioral OF even_freqdivider IS
SIGNAL c:STD_LOGIC;
CONSTANT N:INTEGER := 2;            ——定义分频基数
BEGIN
    Clkout <= c;
    PROCESS(clk)
    VARIABLE cnt:INTEGER RANGE 0 TO N;
    BEGIN
        IF(clk' EVENT AND clk = '1')THEN
            IF(Reset = '1')THEN                ——同步复位
                c <= '0';
                cnt := 0;
            ELSIF (cnt = N) THEN
                c <= NOT c;
                cnt := 0;
            ELSE
                cnt := cnt+1;
            END IF;
        END IF;
    END PROCESS;
END behavioral;
```

4) 仿真结果

偶数倍分频——占空比 50%的仿真波形如图 7.39 所示。

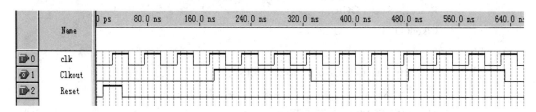

图 7.39　偶数倍分频——占空比 50%的仿真波形

5) RTL 电路图

偶数倍分频——占空比 50%的 RTL 电路图如图 7.40 所示。

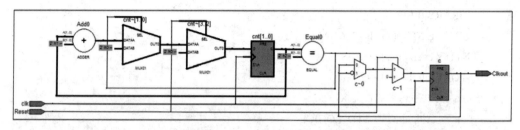

图 7.40　偶数倍分频——占空比 50% 的 RTL 电路图

6) 程序说明

(1) 此设计的重点在于 temp 中的分频系数，只需修改此分频系数即可修改为不同的分频器，而分频系数由希望分频的数除 2(占空比为 50%)减 1(从 0 开始计数)，然后转换成二进制，将值赋予 cnt 即可。由于占空比非 50% 的分频器很简单，故在此不做介绍。

(2) 程序使用同步复位。

2. 奇数倍分频

奇数倍分频电路也可以通过计数法得到，与偶数倍分频不同的是，由于分频倍数为奇数，不可能进行整除 2 操作，所以得不到占空比为 50% 的分频器。需要设计者在设计之初根据需要决定分频基数，如 5 分频，可以 1—4 分频(1 个高电平，4 个低电平)，也可以 2—3 分频(2 个高电平，3 个低电平)。

· 第一种：占空比非 50%

1) 设计要求

设计一个 5 分频占空比非 50% 的 3—2 分频电路(3 个高电平，2 个低电平)。

2) 算法设计

使用 IF 语句实现设计要求。

3) VHDL 源程序

代码如下：

```
--奇数倍分频电路(5 分频，占空比非 50%)
LIBRARY IEEE;
USE IEEE.STD_LOGIC_1164.ALL;
ENTITY odd_freqdivder IS
    PORT(clk:IN STD_LOGIC;
        Reset:IN STD_LOGIC;
        Clkout:OUT STD_LOGIC );
END;
ARCHITECTURE behavioral OF odd_freqdivder IS
    CONSTANT n:INTEGER := 4;        --定义分频基数
    SIGNAL cnt:INTEGER RANGE 0 TO n;
BEGIN
    PROCESS(clk)
    BEGIN
```

```
IF(clk' EVENT AND clk = '1')THEN
    IF(Reset = '1')THEN    --同步复位
        cnt <= 0;
    ELSEIF (cnt = n)    THEN
            cnt <= 0;
    ELSE
            cnt <= cnt+1;
    End IF;
    IF (cnt<n/2)THEN
            Clkout <= '0';
    ELSE
            Clkout <= '1';
    END IF;
    END IF;
    END PROCESS;
    END behavioral;
```

4) 仿真结果

奇数倍分频——占空比非 50%的仿真波形如图 7.41 所示。

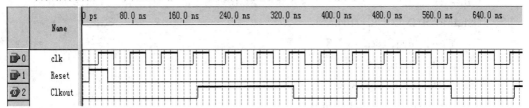

图 7.41　奇数倍分频——占空比非 50%的仿真波形

5) RTL 电路图

奇数倍分频——占空比非 50%的 RTL 电路图如图 7.42 所示。

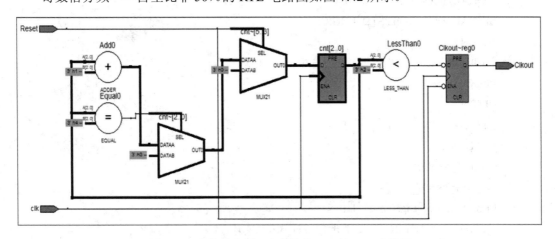

图 7.42　奇数倍分频—占空比非 50%的 RTL 电路图

6) 程序说明

由于分频倍数是 5 分频，需要将原来时钟信号的 5 个周期变成 1 个周期输出，因此本程序无法实现占空比 50%的分频。

· 第二种：占空比为 50%

作为 VHDL 的初学者，可能会想到一个简单的解决办法，即可以对信号的上升沿和下降沿同时计数。以 1/5 分频为例，如上升沿计数到 1，而下降沿计数到 2，则可以输出翻转，从而实现占空比 50%的 5 分频。但是，VHDL 设计过程中不建议在同一个进程中使用信号的两个沿，特别是在两个沿对同一信号进行赋值。当然也可将上升沿和下降沿的计数器分别在两个进程中实现，然后通过信号传递参数实现，此处不做介绍。下面的分频器占空比 50%的奇数倍分频器采用计数法结合错位"异或"法实现设计要求。

1) 设计要求

设计一个 5 分频占空比 50%的分频电路。

2) 算法设计

使用 IF 语句完成设计要求。

3) VHDL 源程序

代码如下：

```
--奇数倍分频电路板(5 分频，占空比 50%)
LIBRARY IEEE;
USE IEEE.STD_LOGIC_1164.ALL;
ENTITY odd_freqdivder2 IS
  PORT(clk:IN STD_LOGIC;
       Reset:IN STD_LOGIC;
       Clkout:OUT STD_LOGIC );
END;
ARCHITECTURE behavioral OF odd_freqdivder2 IS
SIGNAL cnt:INTEGER RANGE 0 TO 4; --定义分频基数
SIGNAL temp1, temp2:STD_LOGIC;
BEGIN
  Clkout <= temp1 XOR temp2; --异或输出
PROCESS(clk)
BEGIN
 IF(Reset = '1')   THEN   --异步复位
     cnt <= 0;
     temp1 <= '0';
     temp2 <= '0';
 ELSE IF (rising_edge(clk))   THEN
   IF (cnt = 4)   THEN   --clk 上升沿，cnt 从 0 到 4 计数
     cnt <= 0;
```

```
            temp1 <= NOT temp1;
            ELSE
            cnt <= cnt+1;
         End IF;
         END IF;
         IF (falling_edge(clk))    THEN
         IF(cnt = 2) THEN
              temp2 <= NOT    temp2;
         END IF;
         END IF;
         END PROCESS;
         END behavioral;
```

4) 仿真结果

奇数倍分频——占空比 50%的仿真波形如图 7.43 所示。

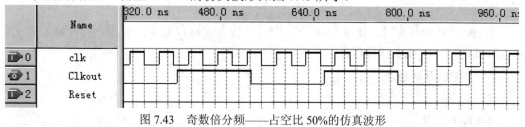

图 7.43　奇数倍分频——占空比 50%的仿真波形

5) RTL 电路图

奇数倍分频——占空比 50%的 RTL 电路图如图 7.44 所示。

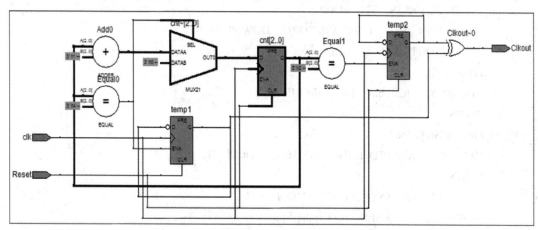

图 7.44　奇数倍分频——占空比 50%的 RTL 电路图

6) 程序说明

该设计在 clk 信号的上升沿和下降沿处进行赋值的信号不相同(上升沿处是 cnt 和
temp1，下降沿处是 temp2)，因而可以通过综合。如果在两个沿处都对同一个信号进行赋
值，则无法通过综合。一般不建议在同一个进程中使用信号的两个沿，如果在两个沿处都

对同一信号进行赋值，则无法通过综合。对于多边沿触发问题读者应深入了解。

7.2.5 寄存器

移位寄存器除了具有存储数码的功能以外，还具有移位功能。移位是指寄存器中的数据能在时钟脉冲的作用下，依次向左移或向右移，通常由多个 D 触发器连接组成。能使数据向左移的寄存器称为左移移位寄存器，能使数据向右移的寄存器称为右移移位寄存器，能使数据向左移也能向右移的寄存器称为双向移位寄存器。根据移位寄存器存取信息的方式不同可分为串入串出、串入并出、并入串出和并入并出四种形式。

下面以 8 位右移移位寄存器和带模式控制的移位寄存器为例，介绍移位寄存器的设计方法。

1．8 位右移移位寄存器

1）设计要求

设计一个 8 位右移并入串出移位寄存器。

2）算法设计

当 clk 上升沿到来时，如果 load 为高电平，读入欲移位数据；否则，将数据的高七位赋值给低七位，完成右移操作。

3）VHDL 源程序

代码如下：

```
LIBRARY  IEEE;
USE   IEEE.STD_LOGIC_1164.ALL;
ENTITY  shfrt  IS
    PORT(clk, load:IN   STD_LOGIC;
         din:IN   STD_LOGIC_VECTOR(7   DOWNTO   0);
         qb:OUT   STD_LOGIC);
END   shfrt;
ARCHITECTURE   bhv   OF   shfrt  IS
BEGIN
PROCESS(clk, load)
VARIABLE   reg8:STD_LOGIC_VECTOR(7   DOWNTO   0);
BEGIN
IF   clk' EVENT   AND   clk = '1'   THEN
    IF   load = '1'   THEN   reg8 := din;
       ELSE   reg8(6   DOWNTO   0) := reg8(7   DOWNTO   1);
    END   IF;
END    IF;
qb <= reg8(0);
END    PROCESS;
END;
```

4) 仿真结果

8 位右移移位寄存器的仿真波形如图 7.45 所示。

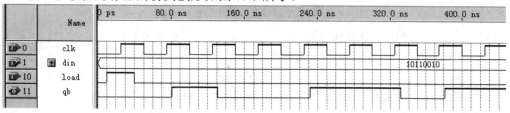

图 7.45　8 位右移移位寄存器的仿真波形

5) RTL 电路图

8 位右移并入串出移位寄存器的 RTL 电路图如图 7.46 所示。

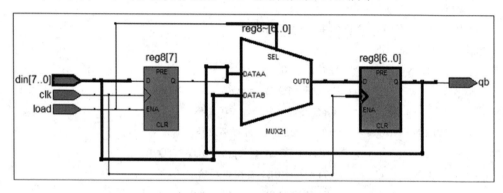

图 7.46　8 位右移并入串出移位寄存器的 RTL 电路图

6) 程序说明

(1) 当 load 为 1 时，读入待移位数据；当 load 为 0 时，数据右移，数据输出 qb。

(2) 设计采用 IF 语句和数值赋值语句描述移位寄存器的移位操作，可以简化设计方法。

(3) 在设计移位寄存器时，应仔细考虑移位时数据在数组中的替换过程，才能设计出正确的移位寄存器。

2. 带模式控制的移位寄存器

1) 设计要求

设计一个模式可控制的移位寄存器，实现带进位循环左移、自循环右移和带进位循环右移功能。

2) 算法设计

使用 CASE 语句和 IF 语句实现设计要求。

3) VHDL 源程序

代码如下：

```
LIBRARY   IEEE;
USE   IEEE.STD_LOGIC_1164.ALL;
ENTITY   shift_ch   IS
PORT(clk, c0:IN   STD_LOGIC;                          --时钟和进位输入
```

```
          md: IN   STD_LOGIC_VECTOR(2   DOWNTO   0);  --移位模式控制字
          d:  IN   STD_LOGIC_VECTOR(7   DOWNTO   0);  --待加载移位的数据
          qb: OUT   STD_LOGIC_VECTOR(7   DOWNTO   0);     --移位数据输出
          cn: OUT   STD_LOGIC);                       --进位输出
      END   shift_ch;
      ARCHITECTURE   bhv   OF   shift_ch IS
      SIGNAL   reg:STD_LOGIC_VECTOR(7   DOWNTO   0);
      SIGNAL   cy:STD_LOGIC;
      BEGIN
      PROCESS(clk, md, c0)
      BEGIN
      IF   (clk' EVENT  AND   clk = '1')  THEN
        CASE  md  IS
          WHEN   "001" =>   reg(0) <= c0;
                        reg(7   DOWNTO 1) <= reg(6   DOWNTO 0) ;
                        cy <= reg(7) ;    --带进位循环左移
          WHEN   "010" =>   reg(0) <= reg(7) ; --zi 循环左移
                        reg(7   DOWNTO 1) <= reg(6   DOWNTO 0) ;
          WHEN   "011" =>   reg(7) <= reg(0); --自循环右移
                        reg(6   DOWNTO 0) <= reg(7   DOWNTO   1) ;
          WHEN   "100" =>   reg(7) <= c0;        --带进位循环右移
                        reg(6   DOWNTO   0) <= reg (7   DOWNTO   1);
                        cy <= reg(0);
          WHEN   "101" =>   reg(7   DOWNTO   0) <= d (7   DOWNTO   0);        --加载待移数
          WHEN   OTHERS =>   reg <= reg; cy <= cy;              --保持
      END    CASE;
      END    IF;
      END    PROCESS;
          qb(7  DOWNTO   0) <= reg (7   DOWNTO   0); cn <= cy;        --移位后输出
      END;
```

4) 仿真结果

带模式控制的移位寄存器的仿真波形如图 7.47 所示。

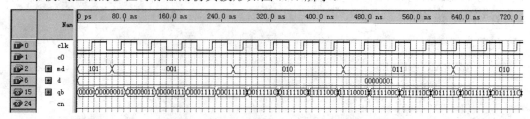

图 7.47 带模式控制的移位寄存器的仿真波形

5) 程序说明

(1) 使用 IF 语句完成上升沿的检测。

(2) 模式控制输入 md 用于控制移位寄存器的移位方式。

(3) 使用 CASE 语句完成移位模式的选择和实现。

(4) 注意带进位移位寄存器的设计。

本 章 小 结

本章介绍常用的组合逻辑电路和时序逻辑电路的 VHDL 程序设计方法；给出典型电路的设计要求、VHDL 描述、时序仿真结果；对语言中出现的语法给出了说明，分析了硬件电路的结构和语句的对应关系。读者要熟练掌握这些最基本电路的设计方法，为后续复杂电路的设计奠定基础。

习　　题

一、程序填空题

1. 在下面横线上填上合适的语句，完成减法器的设计。

说明：由两个 1 位的半减器组成一个 1 位的全减器。

```
--1 位半减器的描述
LIBRARY IEEE;
USE IEEE.STD_LOGIC_1164.ALL;
ENTITY   HALF_SUB IS
     PORT(A, B: IN STD_LOGIC;
          DIFF, COUT: OUT STD_LOGIC);
END HALF_SUB;
ARCHITECTURE ART OF HALF_SUB IS
BEGIN
   COUT <= _____;          --借位
   DIFF <= _____;          --差
END;
   --1 位全减器的描述
LIBRARY IEEE;
USE IEEE.STD_LOGIC_1164.ALL;
ENTITY FALF_SUB IS
   PORT(A, B, CIN: IN STD_LOGIC;
        DIFF, COUT: OUT STD_LOGIC);
```

```
        END FALF_SUB;
        ARCHITECTURE ART OF FALF_SUB IS
        COMPONENT HALF_SUB
          PORT(A, B: IN STD_LOGIC;
                DIFF, COUT: OUT STD_LOGIC);
        END COMPONENT;
        _____T0, T1, T2:STD_LOGIC;
        BEGIN
        U1: HALF_SUB PORT MAP(A, B, _____, T1);
        U2: HALF_SUB PORT MAP(T0, _____, _____, T2);
        COUT <= _____;
        END;
```

2. 在下面横线上填上合适的语句，完成分频器的设计。

说明：占空比为 1∶2 的 8 分频器。

```
        LIBRARY IEEE;
        USE IEEE.STD_LOGIC_1164.ALL;
        USE IEEE.STD_LOGIC_UNSIGNED.ALL;
        ENTITY CLKDIV8_1TO2 IS
          PORT(CLK:IN STD_LOGIC;
                CLKOUT:OUT STD_LOGIC );
        END CLKDIV8_1TO2;
        ARCHITECTURE TWO OF CLKDIV8_1TO2 IS
        SIGNAL CNT:STD_LOGIC_VECTOR(1 DOWNTO 0);
        SIGNAL CK:STD_LOGIC;
        BEGIN
        PROCESS(CLK)
        BEGIN
          IF RISING_EDGE(_____) THEN
            IF CNT = "11" THEN
                CNT <= "00";
                CK <= _____;
              ELSE CNT <= _____;
              END IF;
          END IF;
        CLKOUT <= CK;
        END PROCESS;
        END;
```

3. 在下面横线上填上合适的语句，完成六十进制减法计数器的设计。

```
  LIBRARY IEEE;
```

```
USE IEEE.STD_LOGIC_1164.ALL;
USE IEEE.STD_LOGIC_UNSIGNED.ALL;
ENTITY COUNT   IS
PORT(CLK:IN STD_LOGIC;
        H, L:OUT STD_LOGIC_VECTOR(3 DOWNTO 0)
             );
END COUNT;
ARCHITECTURE BHV OF COUNT IS
BEGIN
PROCESS(CLK)
VARIABLE HH, LL: STD_LOGIC_VECTOR(3 DOWNTO 0);
 BEGIN
 IF CLK' EVENT AND CLK = ' 1' THEN
        IF LL = 0 AND HH = 0 THEN
             HH := "0101";    LL := "1001";
        ELSIF LL = 0 THEN
          LL := _____;
          HH := _____;
        ELSE
          LL := _____;
           END IF;
     END IF;
     H <= HH;
     L <= LL;
 END PROCESS;
 END BHV;
```

4. 在下面横线上填上合适的语句，完成移位寄存器的设计。

说明：8 位的移位寄存器，具有左移一位或右移一位、并行输入和同步复位的功能。

```
    LIBRARY IEEE;
    USE IEEE.STD_LOGIC_1164.ALL;
    USE IEEE.STD_LOGIC_UNSIGNED.ALL;
    USE IEEE.STD_LOGIC_ARITH.ALL;

    ENTITY SHIFTER IS
    PORT(DATA:IN STD_LOGIC_VECTOR(7 DOWNTO 0);
        CLK:IN STD_LOGIC;
        SHIFTLEFT，SHIFTRIGHT:IN STD_LOGIC;
        RESET:IN STD_LOGIC;
      MODE:IN STD_LOGIC_VECTOR(1 DOWNTO 0);
```

```
        QOUT:BUFFER STD_LOGIC_VECTOR(7 DOWNTO 0));
    END SHIFTER;
    ARCHITECTURE ART OF SHIFTER IS
    BEGIN
    PROCESS
    BEGIN
        _____(RISING_EDGE(CLK));                            --等待上升沿
        IF RESET = '1' THEN    QOUT <= "00000000";                 --同步复位
        ELSE
        CASE MODE IS
            WHEN "01" => QOUT <= SHIFTRIGHT&_____;          --右移一位
            WHEN "10" => QOUT <= QOUT(6 DOWNTO 0)&_____;    --左移一位
            WHEN "11" => QOUT <= _____;                     --不移，并行输入
            WHEN OTHERS => NULL;
            _____;
        END IF;
    END PROCESS;
    END ART;
```

二、设计题

1. 用 VHDL 设计一个八选一的数据选择器。
2. 用 VHDL 设计一个八输入逻辑变量的判奇电路。
3. 用 VHDL 设计一个一输入、四输出的数据分配器。
4. 用 VHDL 设计一个 RS 触发器。
5. 用 VHDL 设计一个占空比为 50% 的 9 分频电路。

实 训 项 目

✦✦✦✦✦✦ **实训一 设计含异步清 0 和同步时钟使能的加法计数器** ✦✦✦✦✦✦

一、实训目的
学习计数器的设计、仿真和硬件测试，进一步熟悉 VHDL 设计技术。

二、实训仪器
(1) EDA 技术实训开发系统实训箱一台。
(2) PC 一台。

三、实训内容
参考代码如下：

```
    LIBRARY IEEE;
    USE IEEE.STD_LOGIC_1164.ALL;
```

```
USE IEEE.STD_LOGIC_UNSIGNED.ALL;
ENTITY CNT10 IS
    PORT (CLK, RST, EN: IN STD_LOGIC;
          CQ: OUT STD_LOGIC_VECTOR(3 DOWNTO 0);
COUT: OUT STD_LOGIC    );
END CNT10;
ARCHITECTURE behav OF CNT10 IS
BEGIN
    PROCESS(CLK, RST, EN)
      VARIABLE   CQI: STD_LOGIC_VECTOR(3 DOWNTO 0);
      BEGIN
        IF RST = '1' THEN   CQI := (OTHERS => '0') ;     --计数器异步复位
          ELSIF CLK' EVENT AND CLK = '1'   THEN       --检测时钟上升沿
          IF EN = '1' THEN                            --检测是否允许计数(同步使能)
            IF CQI < 9 THEN   CQI := CQI + 1;         --允许计数, 检测是否小于9
              ELSE   CQI := (OTHERS =>   '0');            --大于9, 计数值清零
            END IF;
          END IF;
        END IF;
        IF CQI = 9 THEN COUT <= '1';                      --计数大于9, 输出进位信号
          ELSE     COUT <= '0';
        END IF;
          CQ <= CQI;                                    --将计数值向端口输出
    END PROCESS;
  END behav;
```

四、实训步骤

(1) 在 Quartus Ⅱ上对程序代码进行编辑、编译、综合、适配、仿真。说明程序代码中各语句的作用，详细描述其功能特点，给出所有信号的时序仿真波形。

(2) 进行引脚锁定以及硬件下载测试，在附录 1 中选择实训电路结构图 NO.5。引脚锁定后进行编译、下载和硬件测试实训。将实训过程和实训结果写进实训报告。

(3) 使用 SignalTap Ⅱ对此计数器进行实时测试。

(4) 从设计中去除 SignalTap Ⅱ，要求全程编译后生成用于配置器件 EPCS4 编程的压缩 POF 文件，并使用 ByteBlaster Ⅱ，通过 AS 模式对实训板上的 EPCS1 进行编程，最后进行验证。

(5) 为此项设计加入一个可用于 SignalTap Ⅱ采样的独立的时钟输入端(采用时钟选择 clock0 = 12 MHz，计数器时钟 CLK 分别选择 256 Hz、16384 Hz、6 MHz)，并进行实时测试。

五、实训报告内容

根据实训内容写出实训报告，包括程序设计、软件编译、仿真分析、硬件测试和详细

实训过程；给出程序分析报告、仿真波形图及其分析报告。

六、思考题

在参考程序中是否可以不定义信号 CQI，而直接用输出端口信号完成加法运算，即 CQ <= CQ + 1？为什么？

✦✦✦✦✦✦   **实训二   数控分频器的设计**   ✦✦✦✦✦✦

一、实训目的
学习数控分频器的设计、分析和测试方法。

二、实训仪器
(1) EDA 技术实训开发系统实训箱一台。

(2) PC 一台。

(3) 40 MHz 双踪数字示波器一台。

三、实训内容
数控分频器的功能就是当在输入端给定不同输入数据时，对输入的时钟信号有不同的分频比。数控分频器就是用计数值可并行预置的加法计数器设计完成的，方法是将计数溢出位与预置数加载输入信号相接即可。

输入不同的 CLK 频率和预置值 D 时，有如图 7.48 所示的时序波形。

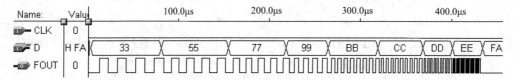

图 7.48   时序波形(CLK 周期 = 50 ns)

分析：根据波形提示，分析程序中的各语句功能、设计原理及逻辑功能，详述进程 P_REG 和 P_DIV 的作用，并画出该程序的 RTL 电路图。

参考代码如下：

```
LIBRARY IEEE;
USE IEEE.STD_LOGIC_1164.ALL;
USE IEEE.STD_LOGIC_UNSIGNED.ALL;
ENTITY DVF IS
    PORT (CLK: IN STD_LOGIC;
          D: IN STD_LOGIC_VECTOR(7 DOWNTO 0);
          FOUT: OUT STD_LOGIC);
END;
ARCHITECTURE one OF DVF IS
    SIGNAL    FULL: STD_LOGIC;
BEGIN
  P_REG: PROCESS(CLK)
    VARIABLE CNT8: STD_LOGIC_VECTOR(7 DOWNTO 0);
```

```
BEGIN
    IF CLK' EVENT AND CLK = '1' THEN
        IF CNT8    = "11111111" THEN
            CNT8 := D;        --当 CNT8 计数计满时，输入数据 D 被同步预置给计数器 CNT8
                FULL <= '1';  --同时使溢出标志信号 FULL 输出为高电平
            ELSE    CNT8 := CNT8+1;    --否则继续做加 1 计数
                        FULL <= '0';    --且输出溢出标志信号 FULL 为低电平
            END IF;
        END IF;
    END PROCESS P_REG ;
    P_DIV: PROCESS(FULL)
        VARIABLE CNT2: STD_LOGIC;
    BEGIN
    IF FULL' EVENT AND FULL = '1' THEN
        CNT2 := NOT CNT2;                --如果溢出标志信号 FULL 为高电平，D 触发器输出取反
            IF CNT2 = '1' THEN    FOUT <= '1'; ELSE FOUT <= '0';
                END IF;
        END IF;
        END PROCESS P_DIV ;
    END;
```

四、实训步骤

(1) 文本编辑输入。

(2) 在实训系统上硬件验证程序的功能。在附录 1 中，选择实训电路结构图 NO.1。键 2/键 1 负责输入 8 位预置数 D(PIO7～PIO0)；CLK 由 clock0 输入，频率选 65 536 Hz 或更高(确保分频后落在音频范围)；输出 FOUT 接扬声器(SPKER)。编译下载后进行硬件测试：改变键 2/键 1 的输入值，可听到不同音调的声音。

(3) 将程序扩展成 16 位分频器，并提出此项设计的实用示例，如 PWM 的设计等。

五、实训报告内容

根据实训内容写出实训报告，包括程序设计、软件编译、仿真分析、硬件测试和详细实训过程；给出程序分析报告、仿真波形图及其分析报告。

六、思考题

怎样利用两个由上述程序给出的模块设计一个电路，使其输出方波的正负脉宽的宽度分别由两个 8 位输入数据控制？

第8章 VHDL 设计应用实例

8.1 节日彩灯控制器

本节将设计一个节日彩灯控制器，是一个综合性的 VHDL 实例，采用自顶而下的设计方法。底层设计各个逻辑模块，顶层元件例化调用各个逻辑模块。

8.1.1 原理分析

设计一个多路彩灯控制器，十六种彩灯能循环变化，有清零开关，可以变化彩灯闪动频率即可以选择快慢两种节拍。

8.1.2 设计方案

整个系统有三个输入信号，分别为控制快慢的信号 opt，复位清零信号 clr；输出信号是 16 路彩灯的输出状态。系统整体电路图如图 8.1 所示。

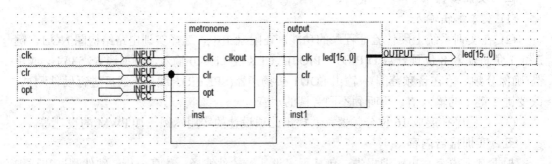

图 8.1 彩灯控制器整体电路图

本系统设计由以下主要模块组成：时序控制(metronome)电路模块和显示(output)电路模块，时序控制电路是根据输入信号的设置得到相应的时钟输出信号，并将此信号作为显示电路的时钟信号；显示电路在输入时钟信号的作用下，有规律的输出设定的十六种彩灯变化类型。

8.1.3 功能实现

时序控制模块中的 **clk** 为输入时钟信号，电路在时钟上升沿变化；clr 为复位清零信号，高电平有效，一旦有效时，电路无条件地回到初始状态；opt 为频率快慢选择信号，低电平节奏快，高电平节奏慢；clkout 为输出信号，clr 有效时输出为零，否则随 opt 信号的变化而改变。时序控制电路模块如图 8.2 所示。

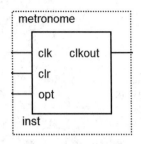

图 8.2　时序控制电路模块

　　设时序控制电路所产生的控制时钟信号的快慢这两种节奏分别为输入时钟信号频率的 1/4 和 1/8。当 opt 为低电平时，输出没经过两个时钟周期进行翻转，实现 4 分频的快节奏；当 opt 为高电平时，输出每经过四个时钟周期进行翻转，实现把 8 分频的慢节奏。具体代码如下：

```vhdl
library ieee;
use ieee.std_logic_1164.all;
use ieee.std_logic_unsigned.all;
entity metronome is                  --定义实体
port(
        clk: in std_logic;            --时钟信号
        clr: in std_logic;            --复位信号
        opt: in std_logic;            --快慢控制信号
        clkout: out std_logic         --输出时钟信号
                );
    end metronome;
architecture rtl of metronome is
signal clk_tmp: std_logic;
signal counter: std_logic_vector(1 downto 0);    --定义计数器
begin
  process(clk, clr, opt)
begin
  if clr = '1' then                        --清零
      clk_tmp <= '0';
      counter <= "00";
  elsif clk'event and clk = '1' then
      if  opt = '0' then                          --4 分频，快节奏
        if counter = "01" then
            counter <= "00";
            clk_tmp <= not clk_tmp;
          else
```

```
                    counter <= counter+'1';
                end if;
            else                                    --8 分频, 慢节奏
              if counter = "11" then
                counter <= "00";
                clk_tmp <= not clk_tmp;
              else
                counter <= counter+'1';
              end if;
            end if;
        end if;
    end process;
    clkout <= clk_tmp;        --输出分频后的信号
    end rtl;
```

显示控制电路的模块电路图如图 8.3 所示，输入信号 clk 和 clr 的定义与时序控制电路一样，输入信号 led[15...0]能够循环输出 16 路彩灯 16 种不同状态的花型。

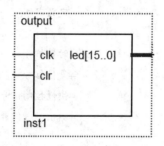

图 8.3　显示控制模块

对状态所对应的彩灯输出花型定义如下：

S0:0000000000000000　　　　　　S1:0001000100010001

S2:0010001000100010　　　　　　S3:0011001100110011

S4:0100010001000100　　　　　　S5:0101010101010101

S6:0110011001100110　　　　　　S7:0111011101110111

S8:1000100010001000　　　　　　S9:1001100110011001

S10:1010101010101010　　　　　　　S11:1011101110111011

S12:1100110011001100　　　　　　　S13:1101110111011101

S14:1110111011101110　　　　　　S15:1111111111111111

多路彩灯在多种花型之间的转换可以通过状态机实现，当复位信号 clr 有效时，彩灯复位到初始状态 s0；否则，每个时钟周期，状态都将向下一个状态发生改变，并输出对应的花型。这里的时钟周期即是时序控制电路模块产生的输出信号，它根据 opt 信号的不同取值得到两种快慢不同的时钟频率。具体代码如下：

```
library ieee;
use ieee.std_logic_1164.all;
```

```vhdl
entity output is
port(
        clk: in std_logic;                    --输入时钟信号
        clr: in std_logic;                     --复位信号
        led: out std_logic_vector(15 downto 0));    --彩灯输出
    end output;


architecture rtl of output is
type states is                          --状态机状态列举
(s0, s1, s2, s3, s4, s5, s6, s7, s8, s9, s10, s11, s12, s13, s14, s15);
signal state: states;
begin
  process(clk, clr)
begin
  if clr = '1' then
    state <= s0; led <= "0000000000000000";
  elsif clk' event and clk = '1' then
  case state is
    when s0 =>    state <= s1;
    when s1 => state <= s2; led <= "0001000100010001";
    when s2 => state <= s3; led <= "0010001000100010";
    when s3 => state <= s4; led <= "0011001100110011";
    when s4 => state <= s5; led <= "0100010001000100";
    when s5 => state <= s6; led <= "0101010101010101";
    when s6 => state <= s7; led <= "0110011001100110";
    when s7 => state <= s8; led <= "0111011101110111";
    when s8 => state <= s9; led <= "1000100010001000";
    when s9 => state <= s10; led <= "1001100110011001";
    when s10 => state <= s11; led <= "1010101010101010";
    when s11 => state <= s12; led <= "1011101110111011";
    when s12 => state <= s13; led <= "1100110011001100";
    when s13 => state <= s14; led <= "1101110111011101";
    when s14 => state <= s15; led <= "1110111011101110";
    when s15 => state <= s1; led <= "1111111111111111";
    end case;
  end if;
  end process;
  end rtl;
```

顶层模块的程序代码如下：

```
library ieee;
use ieee.std_logic_1164.all;
entity caideng is
port (
        clk: in std_logic;
        clr: in std_logic;
        opt:in    std_logic;
        led: out std_logic_vector(15 downto 0));    --八路彩灯输出
end;

architecture rtl of caideng   is
  component metronome is                    --定义元件：时序控制电路
  port(
        clk: in std_logic;
        clr: in std_logic;
        opt:in    std_logic;
        clkout: out std_logic);
end component metronome;
  component output is                       --定义元件：显示电路
port(
        clk: in std_logic;
        clr: in std_logic;
        led: out std_logic_vector(15 downto 0));
end component output;
signal clk_tmp: std_logic;
begin
  u1:metronome port map(clk, clr, opt, clk_tmp);    --例化时序控制模块
  u2:output port map(clk_tmp, clr, led);            --例化显示电路模块
end rtl;
```

最后 RTL 级综合的结果如图 8.4 所示。

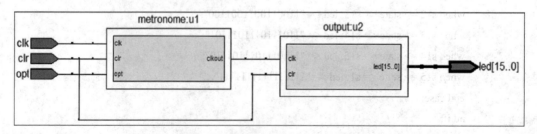

图 8.4　彩灯控制器的 RTL 电路图

多路彩灯控制仿真波形如图 8.5 所示。

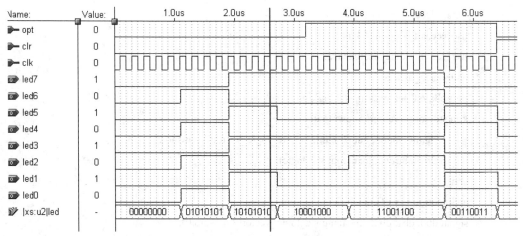

图 8.5　多路彩灯控制仿真波形

从图 8.5 中可以看出，当 opt 为高电平时彩灯状态转换慢，为低电平时转换快；当复位信号有效时，所有输出都清零。

8.2　电子密码锁

本节将设计一个电子密码锁，采用一个 VHDL 程序实现整个逻辑电路的功能。

8.2.1　原理分析

利用 VHDL 语言设计电子密码锁，实现 4 位十进制密码的输入、清除、回退，对输入的密码和预设的密码做比较，判断是否开锁。

8.2.2　设计方案

总体按键输入译码模块设计方案如图 8.6 所示，包括按键输入译码模块、密码锁控制模块、输入密码显示模块。密码采用 10 个独立按键输入，每一个按键代表一个数字，按键输入译码模块对输入的十个密码键和回退键进行译码。密码锁控制模块实现密码的清除和回退输入，密码在确认时，错误次数超过 3 次报警。输出密码显示模块实现输入密码的实时显示。

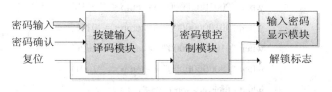

图 8.6　电子密码锁的设计框图

8.2.3　功能实现

采用一个 VHDL 文件实现整个逻辑功能，设计的密码为 1234。具体代码如下：

```vhdl
library ieee;
use ieee.std_logic_1164.all;
use ieee.std_logic_unsigned.all;
entity elec_lock is
port(clk, rst, set, back:in std_logic;
k:in std_logic_vector(9 downto 0);
        num0, num1, num2, num3:out std_logic_vector(3 downto 0);
        lock, buzzer, load1:out std_logic);
end;
architecture bhv of elec_lock is
signal db0, db1, db2, db3, temp:std_logic_vector(3 downto 0);
signal load: std_logic;
signal cnt:std_logic_vector(1 downto 0);
begin
load <= '0' when(k = "0000000000" and back = '0') else '1';
load1 <= load;
process(clk, rst)
begin
        if rst = '1' then
        temp <= "0000";
        elsif(rising_edge(clk)) then
          if((k&back) /= "00000000000")then
                case (k&back) is
                        when "00000000001" => temp <= "1010";          --回退键编码
                        when "00000000010" => temp <= "0000";
                        when "00000000100" => temp <= "0001";
                        when "00000001000" => temp <= "0010";
                        when "00000010000" => temp <= "0011";
                        when "00000100000" => temp <= "0100";
                        when "00001000000" => temp <= "0101";
                        when "00010000000" => temp <= "0110";
                        when "00100000000" => temp <= "0111";
                        when "01000000000" => temp <= "1000";
                        when "10000000000" => temp <= "1001";
                        when others => temp <= "1110";
        end case;
        end if;
        end if;
end process;
```

```vhdl
        process(load, rst, temp)
        begin
                if rst = '1' then
                    db0 <= "0000";
                    db1 <= "0000";
                    db2 <= "0000";
                    db3 <= "0000";
            elsif falling_edge(load) then
                    if temp = "1010" then                    --回退键
                    db0 <= db1;
                    db1 <= db2;
                    db2 <= db3;
                    db3 <= "0000";
                    else
                    db0 <= temp;
                    db1 <= db0;
                    db2 <= db1;
                    db3 <= db2;
                    end if;
                end if;
        end process;
        process(rst, set, db0, db1, db2, db3, cnt)
                begin
                if rst = '1' then
                lock <= '0'; cnt <= "00";
                elsif rising_edge(set)then
                        if(db3 = "0001"and db2 = "0010"and db1 = "0011"and db0 = "0100")then
                        lock <= '1'; cnt <= "00";
                        else
                        lock <= '0'; cnt <= cnt+'1';
                        end if;
                end if;
        end process;
        process(rst, cnt)
                begin
                if rst = '1' then
            buzzer <= '0';
                elsif(cnt > "10") then
                buzzer <= '1';
```

```
            else
                buzzer <= '0';
            end if;
        end process;
        num0 <= db0;
        num1 <= db1;
        num2 <= db2;
        num3 <= db3;
    end;
```

波形仿真如图 8.7 所示。

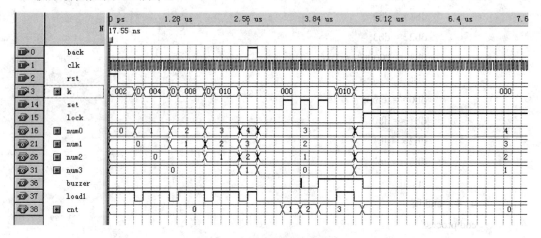

图 8.7　电子密码锁波形仿真

8.3　数字频率计

8.3.1　原理分析

频率就是周期信号在单位时间(1 s)里变化的次数。根据频率计的测频原理，有测频法和测周法。测频法是选择合适的时基信号对输入被测信号脉冲进行计数，直接测量被测信号的频率，实现测频的目的。

8.3.2　设计方案

根据频率的定义和频率测量的基本原理，测定信号的频率必须有一个脉宽为 1 秒的输入信号脉冲计数允许的信号；1 秒计数结束后，计数值被锁入锁存器，计数器清 0，为下一个测频计数周期做好准备。设计电路如图 8.8 所示，包括：测频控制(FTCTRL)模块、锁存输出(REG32B)模块和 8 位十进制计数(COUNTER32B)模块，最后在顶层模块中引用这三个模块，组合完成频率计的设计。根据测频原理，可得测频控制时序图(见图 8.9)。

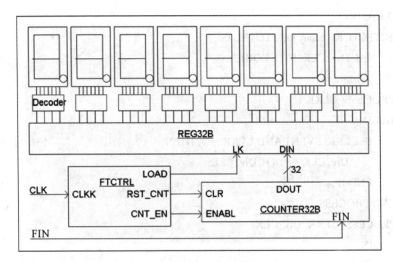

图 8.8　频率计电路框图

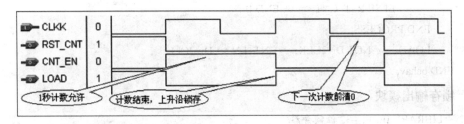

图 8.9　频率计测频控制器 FTCTRL 测控时序图

设计要求：FTCTRL 的计数使能信号 CNT_EN 能产生一个 1 秒脉宽的周期信号，并对频率计中的 8 位十进制计数器 COUNTER32B 的 ENABL 使能端进行同步控制。当 CNT_EN 为高电平时允许计数，为低电平时停止计数并保持其所计的脉冲数。在停止计数期间，首先需要一个锁存信号 LOAD 的上跳沿将计数器在前 1 秒钟的计数值锁存进锁存器 REG32B 中，由外部的 16 进制 7 段译码器译出并显示计数值。设置锁存器的好处是数据显示稳定，不会由于周期性的清 0 信号而不断闪烁。锁存信号后，必须有一个清 0 信号 RST_CNT 对计数器进行清零，为下 1 秒的计数操作做准备。

8.3.3　功能实现

1. 测频控制模块

```
LIBRARY IEEE; --测频控制电路
USE IEEE.STD_LOGIC_1164.ALL;
USE IEEE.STD_LOGIC_UNSIGNED.ALL;
ENTITY FTCTRL IS
    PORT (CLKK: IN STD_LOGIC;                    -- 1 Hz
        CNT_EN: OUT STD_LOGIC;                   -- 计数器时钟使能
        RST_CNT: OUT STD_LOGIC;                  -- 计数器清零
        LOAD: OUT STD_LOGIC);                    -- 输出锁存信号
```

```
        END FTCTRL;
        ARCHITECTURE behav OF FTCTRL IS
            SIGNAL Div2CLK: STD_LOGIC;
        BEGIN
            PROCESS( CLKK )
            BEGIN
                IF CLKK' EVENT AND CLKK = '1' THEN              -- 1 Hz 时钟 2 分频
                    Div2CLK <= NOT Div2CLK;
                END IF;
            END PROCESS;
            PROCESS (CLKK, Div2CLK)
            BEGIN
                IF CLKK = '0' AND Div2CLK = '0' THEN RST_CNT <= '1';     -- 产生计数器清零信号
                    ELSE RST_CNT <= '0'; END IF;
            END PROCESS;
            LOAD   <= NOT Div2CLK;     CNT_EN <= Div2CLK;
        END behav;
```

2. 锁存输出模块

```
        LIBRARY IEEE; --32 位锁存器
        USE IEEE.STD_LOGIC_1164.ALL;
        ENTITY REG32B IS
            PORT (LK: IN STD_LOGIC;
                    DIN: IN STD_LOGIC_VECTOR(31 DOWNTO 0);
                    DOUT: OUT STD_LOGIC_VECTOR(31 DOWNTO 0));
        END REG32B;
        ARCHITECTURE behav OF REG32B IS
        BEGIN
            PROCESS(LK, DIN)
            BEGIN
            IF LK' EVENT AND LK = '1' THEN    DOUT <= DIN;
                END IF;
            END PROCESS;
        END behav;
```

3. 8 位十进制计数模块

```
        LIBRARY IEEE;                                    --32 位计数器
        USE IEEE.STD_LOGIC_1164.ALL;
        USE IEEE.STD_LOGIC_UNSIGNED.ALL;
        ENTITY COUNTER32B IS
```

```
    PORT (FIN: IN STD_LOGIC;                              -- 时钟信号
        CLR: IN STD_LOGIC;                               -- 清零信号
       ENABL: IN STD_LOGIC;                             -- 计数使能信号
        DOUT:  OUT STD_LOGIC_VECTOR(31 DOWNTO 0));      -- 计数结果
    END COUNTER32B;
ARCHITECTURE behav OF COUNTER32B IS
    SIGNAL CNT1:  STD_LOGIC_VECTOR(31 DOWNTO 0);
BEGIN
    PROCESS(FIN, CLR, ENABL)
      BEGIN
        IF CLR = '1' THEN CNT1 <= (OTHERS => '0');       -- 清零
        ELSIF FIN' EVENT AND FIN = '1' THEN
         IF ENABL = '1' THEN
           IF(CNT1(3 DOWNTO 0) = "1001") THEN
             CNT1(3 DOWNTO 0) <= "0000";
            IF (CNT1(7 DOWNTO 4) = "1001") THEN
              CNT1(7 DOWNTO 4) <= "0000" ;
            IF (CNT1(11 DOWNTO 8) = "1001") THEN
              CNT1(11 DOWNTO 8) <= "0000";
            IF (CNT1(15 DOWNTO 12) = "1001") THEN
              CNT1(15 DOWNTO 12) <= "0000";
            IF(CNT1(19 DOWNTO 16) = "1001") THEN
              CNT1(19 DOWNTO 16) <= "0000";
            IF (CNT1(23 DOWNTO 20) = "1001") THEN
              CNT1(23 DOWNTO 20) <= "0000";
            IF (CNT1(27 DOWNTO 24) = "1001") THEN
              CNT1(27 DOWNTO 24) <= "0000";
            IF (CNT1(31 DOWNTO 28) = "1001") THEN
              CNT1(31 DOWNTO 28) <= "0000";
          ELSE CNT1(31 DOWNTO 28) <= CNT1(31 DOWNTO 28)+1;
          END IF;
          ELSE CNT1(27 DOWNTO 24) <= CNT1(27 DOWNTO 24)+1;
          END IF;
          ELSE CNT1(23 DOWNTO 20) <= CNT1(23 DOWNTO 20)+1;
          END IF;
          ELSE CNT1(19 DOWNTO 16) <= CNT1(19 DOWNTO 16)+1;
          END IF;
          ELSE CNT1(15 DOWNTO 12) <= CNT1(15 DOWNTO 12)+1;
          END IF;
```

```
                ELSE CNT1(11 DOWNTO 8) <= CNT1(11 DOWNTO 8)+1;
            END IF;
        ELSE CNT1(7 DOWNTO 4) <= CNT1(7 DOWNTO 4)+1;
        END IF;
    ELSE CNT1(3 DOWNTO 0) <= CNT1(3 DOWNTO 0)+1;
    END IF;
    END IF;
END IF;
END PROCESS;
    DOUT  <=  CNT1;
END behav;
```

4. 顶层模块

```
LIBRARY IEEE;                                    --频率计顶层文件
LIBRARY IEEE;
USE IEEE.STD_LOGIC_1164.ALL;
ENTITY FREQTEST IS
    PORT ( CLK1HZ: IN STD_LOGIC;
            FSIN: IN STD_LOGIC;
            DOUT: OUT STD_LOGIC_VECTOR(31 DOWNTO 0));
END FREQTEST;
ARCHITECTURE struc OF FREQTEST IS
COMPONENT FTCTRL
    PORT (CLKK: IN STD_LOGIC;                    -- 1 Hz
        CNT_EN: OUT STD_LOGIC;                   -- 计数器时钟使能
        RST_CNT: OUT STD_LOGIC;                  -- 计数器清零
        LOAD: OUT STD_LOGIC        );            -- 输出锁存信号
    END COMPONENT;
COMPONENT COUNTER32B
    PORT (FIN: IN STD_LOGIC;                                -- 时钟信号
        CLR: IN STD_LOGIC;                              -- 清零信号
        ENABL: IN STD_LOGIC;                           -- 计数使能信号
        DOUT:  OUT STD_LOGIC_VECTOR(31 DOWNTO 0)); -- 计数结果
END COMPONENT;
COMPONENT REG32B
    PORT ( LK: IN STD_LOGIC;
            DIN: IN STD_LOGIC_VECTOR(31 DOWNTO 0);
            DOUT: OUT STD_LOGIC_VECTOR(31 DOWNTO 0));
END COMPONENT;
```

SIGNAL TSTEN1: STD_LOGIC;

SIGNAL CLR_CNT1: STD_LOGIC;

SIGNAL LOAD1: STD_LOGIC;

SIGNAL DTO1: STD_LOGIC_VECTOR(31 DOWNTO 0);

SIGNAL CARRY_OUT1 : STD_LOGIC_VECTOR(6 DOWNTO 0);

BEGIN

　U1: FTCTRL PORT MAP(CLKK => CLK1HZ, CNT_EN => TSTEN1,

RST_CNT => CLR_CNT1, LOAD => LOAD1);

　U2: REG32B PORT MAP(LK =>　LOAD1, DIN => DTO1, DOUT =>　DOUT);

　U3: COUNTER32B PORT MAP(FIN =>　FSIN, CLR =>　CLR_CNT1,

　ENABL =>　TSTEN1, DOUT => DTO1);

　END struc;

5. RTL 级综合电路图

RTL 级综合电路图如图 8.10 所示。

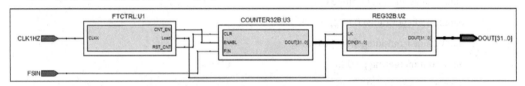

图 8.10　RTL 级综合电路图

6. 波形仿真

设定标准信号为 1 μm 的信号，被测信号设置为 10 ns 和 30 nm 两段值，仿真结果如图 8.11 所示，分别测到频率为 100 和 33。可见实现了测量频率的目的。

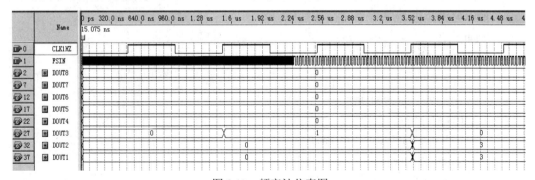

图 8.11　频率计仿真图

8.4　篮球赛 24 秒计时器

8.4.1　原理分析

篮球赛 24 秒计时器是一个具有复位、启动、计数使能的减法计数器。

8.4.2　设计方案

　　篮球赛 24 秒计时器采用 VHDL 语言设计一个减法计数器，时钟周期为 0.1 s，实现 240 进制减法运算，具有欲置数、启动停止、连续计数功能。计数的值实时显示高两位。当减到 0 时，计数停止并报警。

8.4.3　功能实现

1．VHDL 程序

```
library ieee;
use ieee.std_logic_1164.all;
use ieee.std_logic_unsigned.all;
entity cnt240 is
port(clk, rst, set, en:in std_logic;
    data1, data0:in integer range 0 to 9;
    data2:in integer range 0 to 2;
    num0, num1:out integer range 0 to 9;
    num2:out integer range 0 to 2;
    buzzer:out std_logic);
end;
architecture bhv of cnt240 is
signal cnt:integer range 0 to 240;
begin
process(clk, rst)
begin
    if rst = '1' then
    cnt <= 240;
    elsif(rising_edge(clk)) then
    if(set = '1')then
    cnt <= data2*100+data1*10+data0;
    elsif(en = '1') then
    cnt <= cnt-1;
    end if;
    num2 <= cnt/100;
  num1 <= (cnt REM 100)/10;
    num0 <= cnt REM 10;
    if cnt = 0 then
      buzzer <= '1';
    else
```

```
            buzzer <= '0';
        end if;
        end if;
    end process;
    end;
```

2．波形仿真图

波形仿真图如图 8.12 所示。

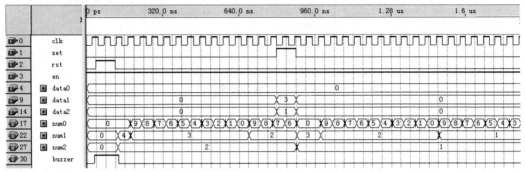

图 8.12　篮球赛 24 秒计时器波形仿真图

8.5　出租车计价器设计

8.5.1　原理分析

利用 VHDL 语言设计出租车计费系统，实现计费以及预置和模拟汽车启动、停止、暂停等功能，并显示车费。

基本要求：

(1) 能实现计费功能。计费标准为：按行驶里程收费，起步价为 10.00 元，并在车行驶 3 公里后再按 2 元/公里计费，当计费器计费达到或超过一定收费(如 20 元)时，每公里加收 50%的车费；车停止时不计费。

(2) 实现模拟功能。能模拟汽车启动、停止、暂停等状态。

(3) 设计显示电路。将车费显示出来，有一位小数。

8.5.2　设计方案

总体设计方案如图 8.13 所示。计费器按里程收费，每 100 米一个时钟脉冲，开始一次计费。各模块功能介绍如下：

(1) 车速选择模块。该模块根据车速来选择匀速和加速两种时钟频率，模拟两种车速状态。

(2) 分频模块。该模块对时钟频率 5 分频，每 500 米收费更新一次。

(3) 计费控制模块。该模块控制计费的清零、暂停和计费所处的不同计费段状态。

(4) 计费计数显示模块。该模块由计费控制模块控制，计费初值为 10 元，当里程超过 3 公里后才接受计费控制模块发出的脉冲的驱动，并且计数值显示出来；每来一个脉冲(代表运行了 0.5 公里)其数值加 1 元，当计费超过 20 元时数值加 1.5 元。

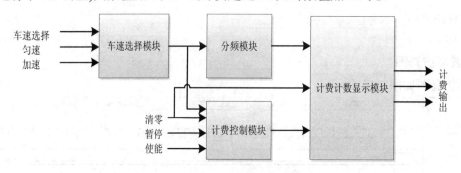

图 8.13　系统顶层框图

8.5.3　功能实现

1. 系统的总体模块图

系统的总体模块图如图 8.14 所示。

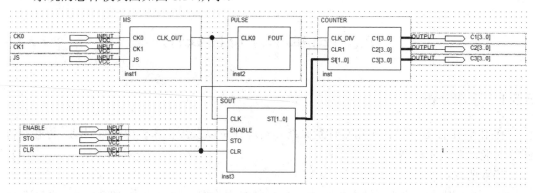

图 8.14　系统的总体模块图

2. 系统各功能模块的实现

(1) 模块 MS 的实现(见图 8.15)。

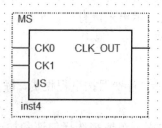

图 8.15　模块 MS

模块 MS 的输入端口 CK0、CK1 为两个不同的时钟信号,用来模拟汽车的加速和匀速; JS 为加速按键。程序代码如下：

```
LIBRARY IEEE;
```

```
USE IEEE.STD_LOGIC_1164.ALL;
ENTITY MS IS
 PORT(CK0:IN STD_LOGIC;
      CK1:IN STD_LOGIC;
      JS:IN STD_LOGIC;
      CLK_OUT:OUT STD_LOGIC);
END MS;
ARCHITECTURE   ONE OF MS IS
BEGIN
 PROCESS(JS, CK0, CK1)
  BEGIN
  IF JS = '0' THEN CLK_OUT <= CK0;
    ELSE CLK_OUT <= CK1;
  END IF;
  END PROCESS;
  END ONE;
```

(2) 模块 SOUT 的实现(见图 8.16)。

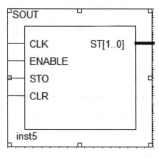

图 8.16　模块 SOUT

该模块实现车行驶状态的输出功能。其中，CLK 为时钟信号，ENABLE 为启动使能信号，STO 为暂停信号，CLR 为清零信号，ST 为状态信号。程序代码如下：

```
LIBRARY IEEE;
USE IEEE.STD_LOGIC_1164.ALL;
USE IEEE.STD_LOGIC_UNSIGNED.ALL;
ENTITY SOUT IS
 PORT(CLK:IN STD_LOGIC;
      ENABLE:IN STD_LOGIC;
      STO:IN STD_LOGIC;
      CLR:IN STD_LOGIC;
      ST:OUT STD_LOGIC_VECTOR(1 DOWNTO 0));
END SOUT;
ARCHITECTURE ONE OF SOUT IS
```

```
BEGIN
  PROCESS(CLK, ENABLE , STO, CLR)
  VARIABLE CQI:STD_LOGIC_VECTOR(7 DOWNTO 0);
  VARIABLE STATE:STD_LOGIC_VECTOR(1 DOWNTO 0);
  BEGIN
    IF CLR = '0' THEN CQI := (OTHERS => '0');
     ELSIF CLK'EVENT AND CLK = '1' THEN
       IF STO = '1' THEN    STATE := "00"; CQI := CQI;
        ELSIF ENABLE   = '1' THEN
          CQI := CQI+1;
           IF CQI <= 30 THEN STATE := "01"; --计费第 1 状态
            ELSIF    CQI>30 AND CQI <= 80 THEN STATE := "10"; --计费第 2 状态
              ELSE
                STATE := "11"; --计费第 3 状态
             END IF;
         END IF;
      END IF;
   ST <= STATE;
 END PROCESS;
 END ONE;
```

(3) 模块 PULSE 的实现(见图 8.17)。

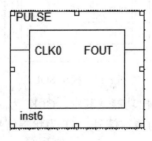

图 8.17　模块 PULSE

该模块实现将时钟信号 5 分频功能。程序代码如下：

```
LIBRARY IEEE;
USE IEEE.STD_LOGIC_1164.ALL;
USE IEEE.STD_LOGIC_UNSIGNED.ALL;
ENTITY PULSE IS
  PORT(CLK0:IN STD_LOGIC;
      FOUT:OUT STD_LOGIC);
END PULSE;
ARCHITECTURE ONE OF PULSE IS
BEGIN
```

```
PROCESS(CLK0)
VARIABLE CNT:STD_LOGIC_VECTOR(2 DOWNTO 0);
VARIABLE FULL :STD_LOGIC;
BEGIN
    IF CLK0'EVENT AND CLK0 = '1' THEN
        IF CNT = "100" THEN
            CNT := "000";
            FULL := '1';
        ELSE
            CNT := CNT+1;
            FULL := '0';
        END IF;
    END IF;
    FOUT <= FULL;
END PROCESS;
END ONE;
```

(4) 模块 COUNTER 的实现(见图 8.18)。

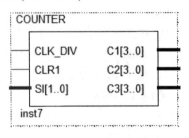

图 8.18　模块 COUNTER

该模块实现汽车模拟计费功能。其中 CLR1 为清零信号；SI 为状态信号；C1、C2、C3 分别为费用的三位显示，C3 位是十位、C2 位是个位、C1 位是小数点后第一位。

```
LIBRARY IEEE;
USE IEEE.STD_LOGIC_1164.ALL;
USE IEEE.STD_LOGIC_UNSIGNED.ALL;
ENTITY COUNTER IS
   PORT(CLK_DIV:IN STD_LOGIC;
        CLR1:IN STD_LOGIC;
           SI:IN STD_LOGIC_VECTOR(1 DOWNTO 0);
           C1:OUT STD_LOGIC_VECTOR(3 DOWNTO 0);
           C2:OUT STD_LOGIC_VECTOR(3 DOWNTO 0);
           C3:OUT STD_LOGIC_VECTOR(3 DOWNTO 0));
END COUNTER;
ARCHITECTURE ONE OF COUNTER IS
```

```
BEGIN
 PROCESS(CLK_DIV, CLR1, SI)
     VARIABLE Q1: STD_LOGIC_VECTOR(3 DOWNTO 0);
     VARIABLE Q2: STD_LOGIC_VECTOR(3 DOWNTO 0);
     VARIABLE Q3: STD_LOGIC_VECTOR(3 DOWNTO 0);
     BEGIN
      IF CLR1 = '0' THEN Q1 := "0000"; Q2 := "0000"; Q3 := "0000";
       ELSIF CLK_DIV'EVENT AND CLK_DIV = '1' THEN
       CASE SI IS
          WHEN "00" => Q1 := Q1; Q2 := Q2; Q3 := Q3;
          WHEN "01" =>   Q1 := "0000"; Q2 := "0000"; Q3 := "0001";
          WHEN "10" =>   IF Q2 < "1001" THEN
                            Q2 := Q2+1;
                         ELSE
                            Q2 := "0000";
                            IF Q3 < "1001" THEN
                              Q3 := Q3+1;
                            END IF;
                         END IF;
                         Q1 := "0000";
          WHEN   "11" =>   IF Q1 < "0101" THEN
                            Q1 := Q1+5;
                         ELSE
                            Q1 := "0000";
                         END IF;
                         IF Q1 = "0101" THEN
                            IF Q2 < "1001" THEN
                              Q2 := Q2+1;
                            ELSE
                              Q2 := "0000";
                                IF Q3 < "1001" THEN
                                  Q3 := Q3+1;
                                END IF;
                            END IF;
                         ELSE
                            IF Q2 < "1000" THEN
                              Q2 := Q2+2;
                            ELSIF Q2 = "1000" THEN
                                  Q2 := "0000";
```

```
                    IF Q3 < "1001" THEN
                        Q3 := Q3+1;
                    END IF;
                ELSE
                    Q2 := "0001";
                    IF Q3 < "1001" THEN
                        Q3 := Q3+1;
                    END IF;
                END IF;
            END IF;
        WHEN OTHERS => NULL;
    END CASE;
END IF;
C1 <= Q1;
C2 <= Q2;
C3 <= Q3;
END PROCESS;
END ONE;
```

　　综合仿真电路图如图 8.19 所示，每个时钟周期代表 100 米。可以看出，能按预期的效果进行模拟汽车启动、停止、暂停等功能。车暂时停止则不计费(STO = 1)，车费保持不变；若到达目的地后停止(CLR = 1)则车费清零，等待下一次计费的开始。出租车计费器系统能按照前 3 公里，即前 30 个时钟周期内按 10 元计费；3 公里到 8 公里按每 500 米 1 元递增；8 公里以后按每 500 米 1.5 元递增。

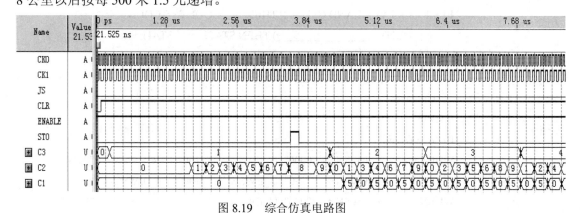

图 8.19　综合仿真电路图

本 章 小 结

　　本章介绍了常用 VHDL 语言设计实例。通过对这些实例的学习，掌握复杂逻辑系统设计的思路和方法，初步形成独立设计复杂逻辑系统的能力。

习 题

一、程序填空题

1. 在下面横线上填上合适的语句，完成交通灯控制器的设计。

说明：红、黄、绿灯分别亮 10 秒，状态 0 时东西绿灯亮，南北红灯亮；状态 1 时东西绿、黄灯亮，南北红灯亮；状态 2 时东西红灯亮，南北绿灯亮；状态 3 时东西红灯亮，南北绿、黄灯亮。

```
LIBRARY IEEE;
USE IEEE.STD_LOGIC_1164.ALL;
USE IEEE.STD_LOGIC_UNSIGNED.ALL;
ENTITY TRAFFICLED1 IS
    PORT (CLK, RESET: IN STD_LOGIC; Q: OUT STD_LOGIC_VECTOR(11 DOWNTO 0) );
END;
ARCHITECTURE ONE OF TRAFFICLED1 IS
SIGNAL Y_EWSN, G_EWSN, R_EWSN:STD_LOGIC_VECTOR(3 DOWNTO 0);
SIGNAL COUNT:INTEGER RANGE 0 TO 9;
SIGNAL STATE:INTEGER RANGE 0 TO 3;
BEGIN
    PROCESS(RESET, CLK, COUNT)
    BEGIN
        IF RESET = '1' THEN COUNT <= 0;        STATE <= 0;
        ELSIF CLK'EVENT AND CLK = '1' THEN        COUNT <= COUNT+1;
            IF (COUNT = _____) THEN STATE    <= STATE+1;
            END IF;
            IF STATE>_____THEN STATE    <= 0;
            END IF;
        END IF;
        CASE STATE IS
        WHEN 0 =>    Y_EWSN <= "0000"; G_EWSN <= "1100";    R_EWSN <= "0011";
        WHEN 1 =>    Y_EWSN <= "1100"; G_EWSN <= "1100";    R_EWSN <= "0011";
        WHEN 2 =>    Y_EWSN <= "0000"; G_EWSN <= "0011";    R_EWSN <= "1100";
        WHEN 3 =>    Y_EWSN <= "0011"; G_EWSN <= "0011";    R_EWSN <= "1100";
        WHEN OTHERS => _____;
        END CASE;
    END PROCESS;
    Q(0) <= R_EWSN(0); Q(1) <= G_EWSN(0); Q(2) <= Y_EWSN(0) ;
    Q(3) <= R_EWSN(2); Q(4) <= G_EWSN(2); Q(5) <= Y_EWSN(2) ;
```

Q(6) <= R_EWSN(1); Q(7) <= G_EWSN(1); Q(8) <= Y_EWSN(1) ;

Q(9) <= R_EWSN(3); Q(10) <= G_EWSN(3); Q(11) <= Y_EWSN(3) ;

END;

2. 在下面横线上填上合适的语句，完成简易彩灯控制电路的 VHDL 设计。

说明：该控制电路控制红、绿、黄三个发光管循环发亮。要求红发光管亮 2 秒，绿发光管亮 3 秒，黄发光管亮 1 秒。

```
LIBRARY IEEE;
USE IEEE.STD_LOGIC_1164.ALL;
ENTITY ASM_LED IS
    PORT(CLR, CLK:IN STD_LOGIC; LED1, LED2, LED3:OUT STD_LOGIC);
END;
ARCHITECTURE A OF ASM_LED IS
    _____STATES IS (S0, S1, S2, S3, S4, S5);
  SIGNAL Q: STD_LOGIC_VECTOR(0 TO 2);
  SIGNAL STATE:STATES;
BEGIN
P1:PROCESS(CLK, _____)
  BEGIN
      IF(CLR = '0') THEN    STATE <= S0;
      ELSIF(CLK'EBENT AND CLK = '1') THEN
          CASE STATE IS
          WHEN S0 => STATE <= S1;
          WHEN S1 => STATE <= S2;
          WHEN S2 => STATE <= S3;
          WHEN S3 => STATE <= S4;
          WHEN S4 => STATE <= S5;
          WHEN S5 => STATE <= S0;
          END CASE;
        END IF;
      END PROCESS P1;
P2:PROCESS(CLR, _____)
  BEGIN
      IF CLR = '0' THEN    LED1 <= '1'; LED2 <= '0'; LED3 <= '0';
      ELSE
          CASE   STATE   IS
          WHEN S0 =>    LED1 <= '1'; LED2 <= '0'; LED3 <= '0';
          WHEN S1 =>    LED1 <= '0'; LED2 <= '1'; LED3 <= '0';
          WHEN S2 =>    LED1 <= '0'; LED2 <= '1'; LED3 <= '0';
          WHEN S3 =>    LED1 <= '0'; LED2 <= '0'; LED3 <= '1';
```

```
WHEN S4 =>    LED1 <= '0'; LED2 <= '0'; LED3 <= '1';
WHEN S5 =>    LED1 <= '0'; LED2 <= '0'; LED3 <= '1';
END CASE;
END IF;
END PROCESS P2;
END ARCHITECTURE A;
```

二、设计题

1. 用 VHDL 设计一个简易的数字钟。

2. 用 VHDL 设计一个四路抢答器。

实 训 项 目

✦✦✦✦✦✦ 实训一 VGA 彩条信号显示控制器设计 ✦✦✦✦✦✦

一、实训目的

学习 VGA 图像显示控制器的设计。

二、实训内容

1. 实训内容 1

根据参考程序完成 VGA 彩条信号显示的验证性实训。引脚锁定：R、G、B 分别接 PIO60、PIO61、PIO63(对应 131、132、134 脚)；HS、VS 分别接 PIO64、PIO65(对应 139、140 脚)；CLK 接 CLOCK9(12 MHz)，MD 接 PIO0(对应附录 1 实训电路结构图 NO.5 的键 1，P1 脚)控制显示模式。

接上 VGA 显示器，选择附录 1 实训电路结构图 NO.5，下载 COLOR.SOF；控制键 1，观察显示器工作(如果显示不正常，将 GW48 系统右侧开关拨一下，最后再拨回到"TO_MCU")。

2. 实训内容 2

设计可显示横彩条与棋盘格相间的 VGA 彩条信号发生器。

3. 实训内容 3

设计可显示英语字母的 VGA 信号发生器电路。

4. 实训内容 4

设计可显示移动彩色斑点的 VGA 信号发生器电路。

5. 参考代码

```
LIBRARY IEEE;                           -- VGA 显示器彩条发生器
USE IEEE.STD_LOGIC_1164.ALL;
USE IEEE.STD_LOGIC_UNSIGNED.ALL;
ENTITY COLOR IS
    PORT (CLK, MD: IN STD_LOGIC;
        HS, VS, R, G, B: OUT STD_LOGIC);   -- 行场同步/红，绿，蓝
```

```vhdl
END COLOR;
ARCHITECTURE behav OF COLOR IS
    SIGNAL HS1, VS1, FCLK, CCLK: STD_LOGIC;
    SIGNAL MMD: STD_LOGIC_VECTOR(1 DOWNTO 0);        -- 方式选择
    SIGNAL FS: STD_LOGIC_VECTOR (3 DOWNTO 0);
    SIGNAL CC: STD_LOGIC_VECTOR(4 DOWNTO 0);   --行同步/横彩条生成
    SIGNAL LL: STD_LOGIC_VECTOR(8 DOWNTO 0);   --场同步/竖彩条生成
    SIGNAL GRBX: STD_LOGIC_VECTOR(3 DOWNTO 1);       -- X 横彩条
    SIGNAL GRBY: STD_LOGIC_VECTOR(3 DOWNTO 1);       -- Y 竖彩条
    SIGNAL GRBP: STD_LOGIC_VECTOR(3 DOWNTO 1);
    SIGNAL GRB: STD_LOGIC_VECTOR(3 DOWNTO 1);
BEGIN
    GRB(2) <= (GRBP(2) XOR MD) AND HS1 AND VS1;
    GRB(3) <= (GRBP(3) XOR MD) AND HS1 AND VS1;
    GRB(1) <= (GRBP(1) XOR MD) AND HS1 AND VS1;
    PROCESS( MD )
    BEGIN
        IF MD'EVENT AND MD = '0' THEN
            IF MMD = "10" THEN    MMD <= "00";
            ELSE      MMD <= MMD + 1;
            END IF;                                --三种模式
        END IF;
    END PROCESS;
    PROCESS( MMD )
    BEGIN
        IF MMD = "00" THEN        GRBP <= GRBX;          -- 选择横彩条
        ELSIF MMD = "01" THEN    GRBP <= GRBY;          -- 选择竖彩条
        ELSIF MMD = "10" THEN    GRBP <= GRBX XOR GRBY;  --产生棋盘格
        ELSE    GRBP <= "000";
        END IF;
    END PROCESS;
    PROCESS( CLK )
    BEGIN
        IF CLK'EVENT AND CLK = '1' THEN                  -- 12MHz 13 分频
            IF FS = 12 THEN FS <= "0000";
            ELSE FS <= (FS + 1);
            END IF;
        END IF;
    END PROCESS;
```

```
FCLK <= FS(3); CCLK <= CC(4);
PROCESS( FCLK )
BEGIN
    IF FCLK'EVENT AND FCLK = '1' THEN
        IF CC = 29 THEN    CC <= "00000";
        ELSE    CC <= CC + 1;
        END IF;
    END IF;
END PROCESS;
PROCESS( CCLK )
BEGIN
    IF CCLK'EVENT AND CCLK = '0' THEN
        IF LL = 481 THEN    LL <= "000000000";
        ELSE    LL <= LL + 1;
        END IF;
    END IF;
END PROCESS;
PROCESS( CC, LL )
BEGIN
    IF CC > 23 THEN    HS1 <= '0';                --行同步
    ELSE HS1 <= '1';
    END IF;
    IF LL > 479 THEN    VS1 <= '0';               --场同步
    ELSE    VS1 <= '1';
    END IF;
END PROCESS;
PROCESS(CC, LL)
BEGIN
    IF CC < 3   THEN GRBX <= "111";               -- 横彩条
    ELSIF CC < 6    THEN GRBX <= "110";
    ELSIF CC < 9    THEN GRBX <= "101";
    ELSIF CC < 12 THEN GRBX <= "100";
    ELSIF CC < 15 THEN GRBX <= "011";
    ELSIF CC < 18 THEN GRBX <= "010";
    ELSIF CC < 21 THEN GRBX <= "001";
     ELSE GRBX <= "000";
    END IF;
    IF LL <   60 THEN GRBY <= "111";              -- 竖彩条
    ELSIF LL < 120 THEN GRBY <= "110";
```

ELSIF LL < 180 THEN GRBY <= "101";

ELSIF LL < 240 THEN GRBY <= "100";

ELSIF LL < 300 THEN GRBY <= "011";

ELSIF LL < 360 THEN GRBY <= "010";

ELSIF LL < 420 THEN GRBY <= "001";

ELSE GRBY <= "000";

END IF;

END PROCESS;

HS <= HS1; VS <= VS1; R <= GRB(2); G <= GRB(3); B <= GRB(1);

END behav;

✦✦✦✦✦✦ 实训二　循环冗余校验(CRC)模块设计　✦✦✦✦✦✦

一、实训目的

设计一个在数字传输中常用的校验、纠错模块——循环冗余校验 CRC 模块，学习使用 FPGA 器件完成数据传输中的差错控制。

二、实训原理

CRC 即 Cyclic Redundancy Check 循环冗余校验，是一种数字通信中的信道编码技术。经过 CRC 方式编码的串行发送序列码，可称为 CRC 码，共由两部分构成：k 位有效信息数据和 r 位 CRC 校验码。其中 r 位 CRC 校验码是通过 k 位有效信息序列被一个事先选择的 r+1 位"生成多项式"相"除"后得到的(r 位余数即是 CRC 校验码)，这里的除法是"模 2 运算"。CRC 校验码一般在有效信息发送时产生，拼接在有效信息后被发送；在接收端，CRC 码用同样的生成多项式相除，除尽表示无误，弃掉 r 位 CRC 校验码，接收有效信息；反之，则表示传输出错，纠错或请求重发。本设计完成 12 位信息加 5 位 CRC 校验码发送、接收，由两个模块构成，如图 8.20 所示，CRC 校验生成模块(发送)和 CRC 校验检错模块(接收)，采用输入、输出都为并行的 CRC 校验生成方式。

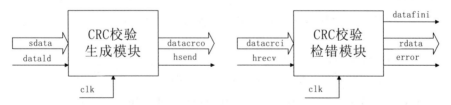

图 8.20　CRC 模块

对图 8.20 中的 CRC 模块端口数据说明如下：

(1) sdata：12 位的待发送信息。

(2) datald：sdata 的装载信号。

(3) error：误码警告信号。

(4) datafini：数据接收校验完成。

(5) rdata：接收模块(检错模块)接收的 12 位有效信息数据。

(6) clk：时钟信号。

(7) datacrc：附加上 5 位 CRC 校验码的 17 位 CRC 码，在生成模块被发送，在接收模块被接收。

(8) hsend、hrecv：生成、检错模块的握手信号，协调相互之间的关系。

参考代码：

```
library ieee;
use ieee.std_logic_1164.all;
use ieee.std_logic_unsigned.all;
use ieee.std_logic_arith.all;
entity crcm is
    port (clk, hrecv, datald: in std_logic;
            sdata: in std_logic_vector(11 downto 0);
            datacrco: out std_logic_vector(16 downto 0);
            datacrci: in std_logic_vector(16 downto 0);
            rdata: out std_logic_vector(11 downto 0);
            datafini: out std_logic;
            error0, hsend: out std_logic);
end crcm;
architecture comm of crcm is
    constant multi_coef: std_logic_vector(5 downto 0) := "110101";
            -- 多项式系数, msb 一定为'1'
    signal    cnt, rcnt : std_logic_vector(4 downto 0);
    signal    dtemp, sdatam, rdtemp: std_logic_vector(11 downto 0);
    signal    rdatacrc: std_logic_vector(16 downto 0);
    signal    st, rt: std_logic;
begin
process(clk)
    variable crcvar: std_logic_vector(5 downto 0);
begin
    if(clk'event and clk = '1') then
        if(st = '0' and datald = '1') then    dtemp <= sdata;
    sdatam <= sdata; cnt <= (others =>    '0'); hsend <= '0'; st <= '1';
        elsif(st = '1' and cnt < 7) then    cnt <= cnt + 1;
        if(dtemp(11) = '1') then    crcvar := dtemp(11 downto 6) xor multi_coef;
            dtemp <= crcvar(4 downto 0) & dtemp(5 downto 0) & '0';
            else    dtemp <= dtemp(10 downto 0) & '0';    end if;
        elsif(st='1' and cnt=7) then datacrco <= sdatam & dtemp(11 downto 7);
            hsend <= '1'; cnt <= cnt + 1;
        elsif(st='1' and cnt=8) then    hsend <=    '0';    st <= '0';
        end if;
```

```
        end if;
    end process;
    process(hrecv, clk)
        variable rcrcvar: std_logic_vector(5 downto 0);
    begin
        if(clk'event and clk = '1') then
          if(rt = '0' and hrecv = '1') then    rdtemp <= datacrci(16 downto 5);
            rdatacrc <= datacrci; rcnt <= (others =>    '0');
            error0 <= '0';     rt <= '1';
          elsif(rt= '1' and rcnt < 7) then    datafini <= '0'; rcnt <= rcnt + 1;
                rcrcvar := rdtemp(11 downto 6) xor multi_coef;
                if (rdtemp(11) = '1') then
                  rdtemp <= rcrcvar(4 downto 0) & rdtemp(5 downto 0) & '0';
                else    rdtemp <= rdtemp(10 downto 0) & '0';
                end if;
          elsif(rt = '1' and rcnt = 7) then    datafini <= '1';
                rdata <= rdatacrc(16 downto 5); rt <= '0';
                if(rdatacrc(4 downto 0) /= rdtemp(11 downto 7)) then
                    error0 <= '1'; end if;
          end if;
        end if;
    end process;
    end comm;
```

三、实训内容

1. 实训内容 1

编译以上示例文件，给出仿真波形。程序中采用的 CRC 生成多项式为 X5+X4+X2+1，校验码为 5 位，有效信息数据为 12 位。

2. 实训内容 2

建立一个新的设计，调入 crcm 模块，把其中的 CRC 校验生成模块和 CRC 校验查错模块连接在一起，协调工作。引出必要的观察信号，锁定引脚，并在 EDA 实训系统上实现。

四、思考题

(1) 参考程序中对 st、rt 有不妥之处，请读者尝试解决(提示：复位 reset 信号的引入有助于问题的解决)。

(2) 如果输入数据、输出 CRC 码都是串行的，设计该如何实现(提示：采用 LFSR)?

(3) 在参考程序中需要 8 个时钟周期才能完成一次 CRC 校验，尝试重新设计使得其在一个 clk 周期内完成。

五、实训报告

叙述 CRC 的工作原理，将设计原理、程序设计与分析、仿真分析和详细实训过程写入实训报告。

附录1　实训电路结构图

1. 实训电路信号资源符号图说明

附图 1　实训电路信号资源符号图

以下对附图 1 实训电路结构图中出现的信号资源符号功能做出一些说明：

(1) 附图 1-a 是十六进制 7 段全译码器。它有 7 位输出，分别接 7 段数码管的 7 个显示输入端：a、b、c、d、e、f 和 g；它的输入端为 D、C、B、A，D 为最高位，A 为最低位。例如，若所标输入的口线为 PIO19～16，表示 PIO19 接 D、18 接 C、17 接 B、16 接 A。

(2) 附图 1-b 是高低电平发生器，每按键一次，输出电平由高到低或由低到高变化一次；且输出为高电平时，所按键对应的发光管变亮，反之不亮。

(3) 附图 1-c 是十六进制(8421 码)发生器，由对应的键控制输出 4 位二进制构成的 1 位十六进制码，数的范围是 0000～1111，即^H0 至^HF。每按键一次，输出递增 1，输出进入目标芯片的 4 位二进制数将显示在该键对应的数码管上。

(4) 直接与 7 段数码管相连的连接方式的设置是为了便于对 7 段显示译码器的设计学习。以附图 4 为例，图中的"PIO46～PIO40 接 g、f、e、d、c、b、a"表示 PIO46、PIO45、…、PIO40 分别与数码管的 7 段输入 g、f、e、d、c、b、a 相接。

(5) 附图 1-d 是单次脉冲发生器。每按一次键，输出一个脉冲，与此键对应的发光管也会闪亮一次，时间为 20 ms。

(6) 附图 1-e 是琴键式信号发生器。当按下键时，输出为高电平，对应的发光管发亮；当松开键时，输出为高电平。此键的功能可用于手动控制脉冲的宽度。具有琴键式信号发生器的实训结构图是 NO.3。

2. 各实训电路结构图特点与适用范围简述

(1) 实训电路结构图 NO.0(见附图 2)：目标芯片的 PIO19～PIO44 共 8 组 4 位二进制码输出，经外部的 7 段译码器可显示于实训系统上的 8 个数码管。键 1 和键 2 可分别输出 2 个 4 位二进制码。一方面这四位码输入目标芯片的 PIO11～PIO8 和 PIO15～PIO12；另一方面可以通过观察发光管 D1～D8 来了解输入的数值。例如，当键 1 控制输入 PIO11～PIO8 的数为^HA 时，则发光管 D4 和 D2 亮，D3 和 D1 灭。电路的键 8 至键 3 分别控制一个高低电平信号发生器向目标芯片的 PIO7～PIO2 输入高电平或低电平，扬声器接在"SPEAKER"上，具体接在哪一引脚要看目标芯片的类型，这需要查附录 2 的引脚对照表。如目标芯片为 FLEX10K10，则扬声器接在"3"引脚上。目标芯片的时钟输入未在图上标出，也需查阅附录 2 的引脚对照表。例如，目标芯片为 XC95108，则输入此芯片的时钟信号有 CLOCK0～CLOCK9，共 4 个可选的输入端，对应的引脚为 65 至 80。具体的输入频率，可参考主板频率选择模块。此电路可用于设计频率计、周期计、计数器等。

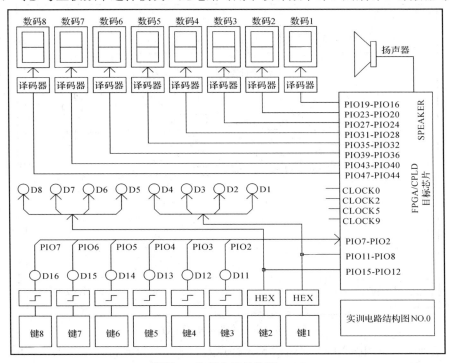

附图 2　实训电路结构图 NO.0

(2) 实训电路结构图 NO.1(见附图 3)：适用于作加法器、减法器、比较器或乘法器等。例如，加法器设计，可利用键 4 和键 3 输入 8 位加数；键 2 和键 1 输入 8 位被加数；输入的加数和被加数将显示于键对应的数码管 4，相加的和显示于数码管 6 和 5；可令键 8 控制此加法器的最低位进位。

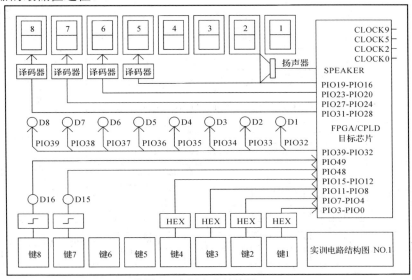

附图 3　实训电路结构图 NO.1

(3) 实训电路结构图 NO.2(见附图 4)：可用于 VGA 视频接口逻辑设计，或使用数码管 8 至数码管 5(共 4 个数码管)做 7 段显示译码方面的实训；而数码管 4 至数码管 1(共 4 个数码管)可做译码后显示，键 1 和键 2 可输入高低电平。

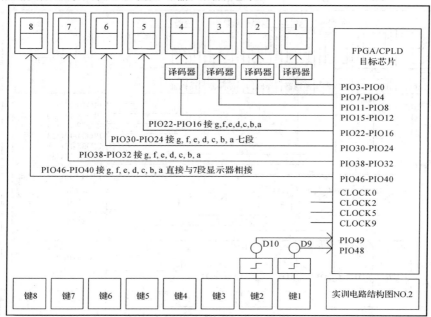

附图 4　实训电路结构图 NO.2

(4) 实训电路结构图 NO.3(见附图 5)：特点是有 8 个琴键式键控发生器，可用于设计

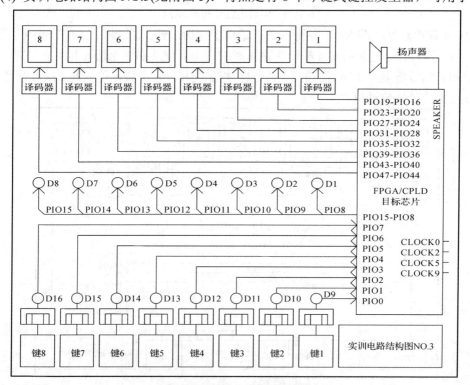

附图 5　实训电路结构图 NO.3

八音琴等电路系统。也可以产生时间长度可控的单次脉冲。该电路结构同结构图 NO.0 一样，有 8 个译码输出显示的数码管，以显示目标芯片的 32 位输出信号，且 8 个发光管也能显示目标器件的 8 位输出信号。

(5) 实训电路结构图 NO.4(见附图 6)：适合于设计移位寄存器、环形计数器等。电路特点是，当在所设计的逻辑中有串行二进制数从 PIO10 输出时，若利用键 7 作为串行输出时钟信号，则 PIO10 的串行输出数码可以在发光管 D8～D1 上逐位显示出来，这能很直观地看到串行输出的数值。

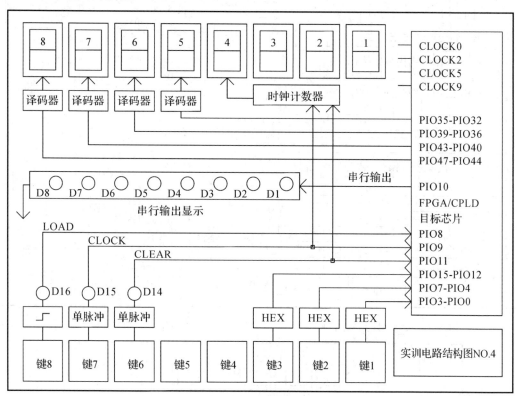

附图 6　实训电路结构图 NO.4

(6) 实训电路结构图 NO.5(见附图 8)：此电路结构有较强的功能，主要用于目标器件与外界电路的接口设计实训，主要含有 9 大模块。

注意：结构图 NO.5 中并不是所有电路模块都可以同时使用，这是因为各模块与目标器件的 I/O 接口有重合。

(7) 实训电路结构图 NO.6(见附图 7)：此电路与 NO.2 相似，但增加了两个 4 位二进制数发生器，数值分别输入目标芯片的 PIO7～PIO4 和 PIO3～PIO0。例如，当按键 2 时，输入 PIO7～PIO4 的数值将显示于对应的数码管 2，以便了解输入的数值。

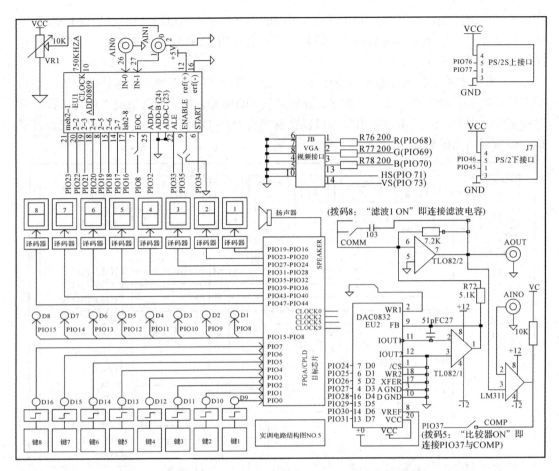

附图 7　实训电路结构图 NO.5(VGA 引脚为老式 PK 系列和新式 PK2S/4 引脚)

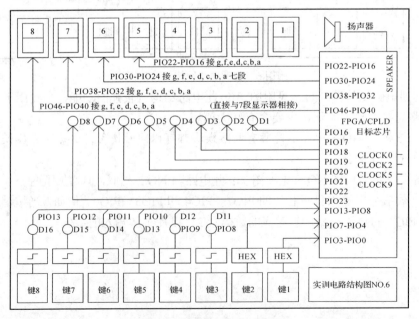

附图 8　实训电路结构图 NO.6

(8) 实训电路结构图 NO.7(见附图 9)：此电路适合于设计时钟、定时器、秒表等。因为可利用键 8 和键 5 分别控制时钟的清零和设置时间的使能；利用键 7、5 和 1 进行时、分、秒的设置。

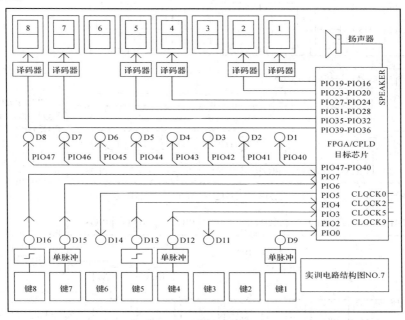

附图 9　实训电路结构图 NO.7

(9) 实训电路结构图 NO.8(见附图 10)：此电路适用于并进/串出或串进/并出等工作方式的寄存器、序列检测器、密码锁等的逻辑设计。它的特点是利用键 2、键 1 能序置 8 位二进制数，而键 6 能发出串行输入脉冲，每按键一次，即发一个单脉冲，则此 8 位序置数的高位在前，向 PIO10 串行输入一位，同时能从 D8～D1 的发光管上看到串形左移的数据，十分形象直观。

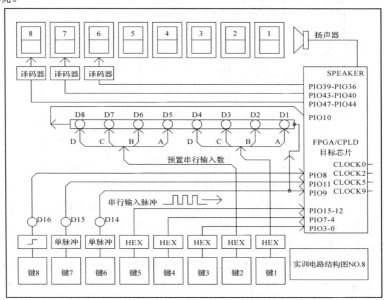

附图 10　实训电路结构图 NO.8

(10) 实训电路结构图 NO.9(见附图 11)：若欲验证交通灯控制等类似的逻辑电路，可选此电路结构。

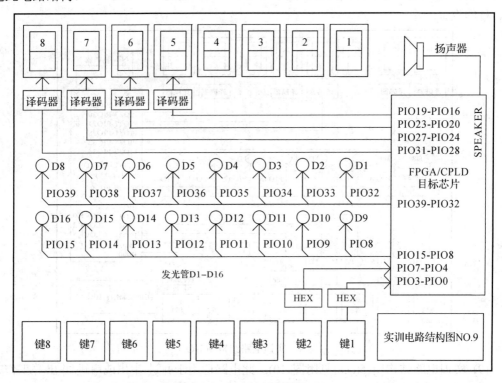

附图 11　实训电路结构图 NO.9

(11) 模式 A：当系统上的"模式指示"数码管显示"A"时，系统将变成一台频率计，数码管 8 将显示"F"，"数码 6"至"数码 1"显示频率值，最低位单位是 Hz。测频输入端为系统板右下侧的插座，数码管连接如附图 12 所示。

8段		8个位	
PIO49	a	S1	PIO41
PIO48	b	S2	PIO40
PIO47	c	S3	PIO39
PIO46	d	S4	PIO38
PIO45	e	S5	PIO37
PIO44	f	S6	PIO36
PIO43	g	S7	PIO35
PIO42	p	S8	PIO34

（中央为 8数码管）

附图 12　GW48-PK2 上扫描显示模式时的连接方式：8 数码管扫描式显示，输入信号高电平有效

(12) 实训电路结构图 COM(见附图 13)："实训电路结构图 NO.0"至"实训电路结构图 NO.9"共 10 套。电路结构模式为 GW48-CK、GW48-PK2/3/4 两种系统共同拥有(兼容)，称为通用电路结构。在原来的 10 套电路结构模式中的每一套结构图中增加附图 13 所示的"实训电路结构图 COM"，能比原来实现更多的实训项目。例如，在 GW48-PK2 系统中，当"模式键"选择"5"时，电路结构将进入附图 7 所示的实训结构图 NO.5 外，还应该加入附图 13 所示的实训电路结构图 COM，这样能比原来实现更多的实训项目。

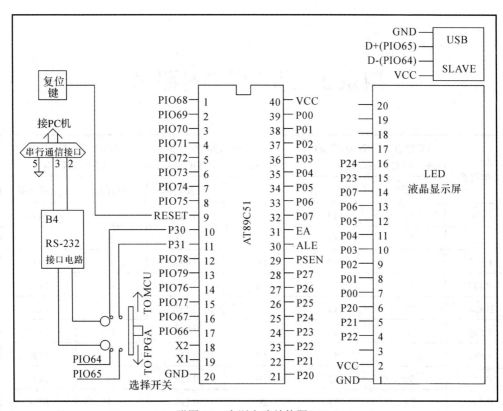

附图 13　实训电路结构图 COM

附录 2　芯片引脚对照表

结构图上的信号名	GWA2C8 EP2C8QC208 Cyclone Ⅱ		GWAK30/50 EP1K30/20/50TQC144		GWAC3：Cyclone EP1C3TC144	
	引脚号	引脚名称	引脚号	引脚名称	引脚号	引脚名称
PIO0	8	I/O	8	I/O0	1	I/O0
PIO1	10	I/O	9	I/O1	2	I/O1
PIO2	11	I/O	10	I/O2	3	I/O2
PIO3	12	I/O	12	I/O3	4	I/O3
PIO4	13	I/O	13	I/O4	5	I/O4
PIO5	14	I/O	17	I/O5	6	I/O5
PIO6	15	I/O	18	I/O6	7	I/O6
PIO7	30	I/O	19	I/O7	10	I/O7
PIO8	31	I/O	20	I/O8	11	I/O8
PIO9	33	I/O	21	I/O9	32	I/O9
PIO10	34	I/O	22	I/O10	33	I/O10
PIO11	35	I/O	23	I/O11	34	I/O11
PIO12	37	I/O	26	I/O12	35	I/O12
PIO13	39	I/O	27	I/O13	36	I/O13
PIO14	40	I/O	28	I/O14	37	I/O14
PIO15	41	I/O	29	I/O15	38	I/O15
PIO16	43	I/O	30	I/O16	39	I/O16
PIO17	44	I/O	31	I/O17	40	I/O17
PIO18	45	I/O	32	I/O18	41	I/O18
PIO19	46	I/O	33	I/O19	42	I/O19
PIO20	47	I/O	36	I/O20	47	I/O20
PIO21	48	I/O	37	I/O21	48	I/O21
PIO22	56	I/O	38	I/O22	49	I/O22
PIO23	57	I/O	39	I/O23	50	I/O23
PIO24	58	I/O	41	I/O24	51	I/O24
PIO25	59	I/O	42	I/O25	52	I/O25

结构图上的信号名	GWA2C8 EP2C8QC208 Cyclone II		GWAK30/50 EP1K30/20/50TQC144		GWAC3：Cyclone EP1C3TC144	
	引脚号	引脚名称	引脚号	引脚名称	引脚号	引脚名称
PIO26	92	I/O	65	I/O26	67	I/O26
PIO27	94	I/O	67	I/O27	68	I/O27
PIO28	95	I/O	68	I/O28	69	I/O28
PIO29	96	I/O	69	I/O29	70	I/O29
PIO30	97	I/O	70	I/O30	71	I/O30
PIO31	99	I/O	72	I/O31	72	I/O31
PIO32	101	I/O	73	I/O32	73	I/O32
PIO33	102	I/O	78	I/O33	74	I/O33
PIO34	103	I/O	79	I/O34	75	I/O34
PIO35	104	I/O	80	I/O35	76	I/O35
PIO36	105	I/O	81	I/O36	77	I/O36
PIO37	106	I/O	82	I/O37	78	I/O37
PIO38	107	I/O	83	I/O38	83	I/O38
PIO39	108	I/O	86	I/O39	84	I/O39
PIO40	110	I/O	87	I/O40	85	I/O40
PIO41	112	I/O	88	I/O41	96	I/O41
PIO42	113	I/O	89	I/O42	97	I/O42
PIO43	114	I/O	90	I/O43	98	I/O43
PIO44	115	I/O	91	I/O44	99	I/O44
PIO45	116	I/O	92	I/O45	103	I/O45
PIO46	117	I/O	95	I/O46	105	I/O46
PIO47	118	I/O	96	I/O47	106	I/O47
PIO48	127	I/O	97	I/O48	107	I/O48
PIO49	128	I/O	98	I/O49	108	I/O49
SPEAKER	133	I/O	99	I/O	129	I/O
CLOCK0	23	I/O	126	I/O	93	I/O
CLOCK2	132	I/O	54	I/O	17	I/O
CLOCK5	131	I/O	56	CLKIN	16	I/O
CLOCK9	130	I/O	124	CLKIN	92	I/O

参 考 文 献

[1] 潘松，黄继业. EDA 技术与 VHDL[M]. 2 版. 北京：清华大学出版社，2007.

[2] 杨健. EDA 技术与 VHDL 基础[M]. 北京：清华大学出版社，2013.

[3] 周彬. EDA 技术及应用[M]. 北京：北京邮电大学出版社，2014.

[4] 廖超平. EDA 技术与 VHDL 实用教程[M]. 北京：高等教育出版社，2007.

[5] 潘松. EDA 技术实用教程：VHDL [M]. 5 版. 北京：科学出版社，2013.

[6] 潘松. EDA 技术及其应用[M]. 5 版. 2 版. 北京：科学出版社，2011.

[7] 潘松. EDA 技术与 VHDL[M]. 4 版. 北京：清华大学出版社，2013.

[8] 陈新华. EDA 技术与应用[M]. 北京：机械工业出版社，2008.

[9] 江国强. EDA 技术与应用[M]. 北京：电子工业出版社，2013.

[10] 陈海宴. EDA 技术与应用 [M]. 北京：机械工业出版社，2012.

[11] 范晶彦. EDA 技术与应用 [M]. 北京：机械工业出版社，2005.

[12] 王锦. EDA 技术及应用实践[M]. 北京：机械工业出版社，2015.

[13] EDA/SOPC 技术实验讲义. 杭州康芯电子有限公司，2006.